软土地区深基坑支护研究与工程应用

陶 莉 戴庆斌 著

U0333148

化学工业出版社

· 北京 ·

内 容 简 介

基坑工程是一个涉及地质、岩土与结构等多方面的极具复杂性和综合性的工程。本书由绪论、软土深基坑概述、软土深基坑支护方案评价模型及优选、软土深基坑支护变形控制及稳定性分析、软土地区深基坑开挖变形特征与预测模型、减少基坑施工对邻近建筑影响的技术措施以及软土深基坑工程案例等内容组成。

本书对从事岩土工程研究的学者有较大参考价值，也可以作为工程设计单位和施工单位相关技术人员业务提升的参考用书。

图书在版编目（CIP）数据

软土地区深基坑支护研究与工程应用 / 陶莉，戴庆斌著 . — 北京：化学工业出版社，2023.5
ISBN 978-7-122-43235-3

Ⅰ.①软…　Ⅱ.①陶…②戴…　Ⅲ.①软土地基-深基坑支护-研究　Ⅳ.①TU46

中国国家版本馆 CIP 数据核字（2023）第 057969 号

责任编辑：徐　娟　　　　　　　　　文字编辑：冯国庆
责任校对：王　静　　　　　　　　　装帧设计：刘丽华

出版发行：化学工业出版社(北京市东城区青年湖南街 13 号　邮政编码 100011)
印　　装：北京天宇星印刷厂
787mm×1092mm　1/16　印张 10½　字数 259 千字　2023 年 5 月北京第 1 版第 1 次印刷

购书咨询：010-64518888　　　　　　　　售后服务：010-64518899
网　　址：http://www.cip.com.cn
凡购买本书，如有缺损质量问题，本社销售中心负责调换。

定　　价：88.00 元

序

深基坑工程是一项综合性很强的系统工程，研究内容包括基坑支护体系、施工和土方开挖等各个方面。 软土地区的深基坑所处的地质条件往往比较复杂，尤其在临海地区的软土深基坑的地质条件更为复杂。 临海软土地区的深基坑支护体系设计及优化等工程一直以来是岩土工程领域的一个难点又是亟待解决的重大工程问题，而且目前相关专著很少，本书正是瞄准重大工程建设的需求，围绕软土地区深基坑工程问题，重点对软土地区深基坑支护及工程应用进行了研究。

全书主要分为基础知识和工程应用，分别针对软土地区深基坑的基本概念、专题模块和工程应用做系统介绍。 首先，对软土地区深基坑的支护形式、施工要点及技术难点给出了各类支护方案优选的方法，涉及软土深基坑支护方案评价模型及优选、软土深基坑支护变形控制及稳定分析、软土地区深基坑开挖变形特性与预测模型等众多领域；其次，对深基坑工程施工中对环境、周边设施及建筑物的影响情况进行了分析，并对可有效减小基坑施工对临近建筑影响的技术措施进行了探讨；最后，列举了我国不同软土地区深基坑支护的工程案例。 全书内容全面、重点突出，是基坑工程施工、设计和检测工作者值得参考的图书。

本书的两位著者多年来一直从事建筑施工技术与管理、教学与研究，十多年前在浙江大学攻读硕士学位期间开始从事基坑相关研究，在软土基坑工程支护方面积累了丰富的理论和实践经验。 相信从事软土地区深基坑相关领域的岩土工程工作者都能从本书获益。

胡政华
温州建筑协会会长
2023 年 4 月

前言

　　随着我国经济的迅速发展，城市人口的增加和建设规模的扩大，城市化水平不断提高，可以供投资建设的用地面积越来越少。为了更好地利用空间，建筑物的高度和基础深度也越来越大，城市地下空间开发利用也随即兴起，多（高）层建筑物常设有多层地下室，在建设施工阶段形成深基坑，基坑工程广泛出现。基坑侧壁的稳定性直接影响到工程建设工期以及对周围环境的影响。而软土地基因其天然含水量加大、可压缩性高、承载能力低、渗透性能差等特点，常常成为较为棘手的工程地质问题。因此，在深基坑施工过程中需要对其进行支护，以保证正常的施工以及软土地基的承载能力。深基坑工程的主要研究内容包括基坑支护体系设计与施工以及土方开挖，是一项综合性很强的系统工程。尤其是软土地区的深基坑，土质条件的复杂性加上基坑支护体系是临时结构，在地下工程施工完成后就不再需要。设计施工人员既要考虑其安全性又要考虑其经济性，从而导致软土深基坑工程更具挑战性。它要求岩土工程和结构工程技术人员的密切配合。

　　本书首先介绍了软土深基坑的研究背景与意义，给出软土深基坑的研究内容与思路。分析了我国常见的深基坑结构围护体系的类型，详细介绍了应用较多的深基坑的支护方案如板柱式、柱列式、重力式挡墙、组合式以及土层锚杆、逆筑法、沉井等。基于深基坑工程的复杂性，其支护方案的选择有特定的评价体系，本书从价值工程理论和风险评估两种出发点对深基坑支护方案的选择进行了介绍。深基坑支护在施工阶段，其稳定性和变形对于结构的安全极为重要。本书通过对深基坑支护的稳定性分析和变形控制研究，探讨了深基坑开挖对周边环境的影响情况并提出了深基坑变形预测的经验方法。书中也给出了减少深基坑施工对周边环境影响的施工措施，并通过一些实际工程案例的实践与应用，进一步验证和优化相关理论。

　　本书由温州职业技术学院建筑工程学院副教授陶莉和万洋建设集团有限公司总经理、高级工程师戴庆斌合著完成。另外，感谢温州设计集团有限公司、浙江嘉创建筑设计有限公司、浙江宏宇工程勘察设计有限公司温州分司、浙江万洋建设集团有限公司、浙江瀚林建设有限公司等单位的大力支持。

　　由于著者水平有限，书中不足之处在所难免，恳请广大读者批评指正。

著者

2023 年 1 月

目录

第 1 章　绪论 / 001

1.1　研究背景及意义 ·· 001
1.2　研究思路及内容 ·· 002

第 2 章　软土深基坑概述 / 006

2.1　概述 ·· 006
2.2　常见的软土深基坑支护方案 ·· 008
2.3　临海软土地区深基坑支护存在的问题与常用方式 ···························· 014
2.4　软土深基坑施工关键技术要点 ·· 018
参考文献 ·· 021

第 3 章　软土深基坑支护方案评价模型及优选 / 023

3.1　概述 ·· 023
3.2　评价指标体系 ·· 025
3.3　基于价值工程理论的软土深基坑支护方案优选 ································ 031
3.4　基于风险评估的软土深基坑支护方案优选 ···································· 036
3.5　基于灰色关联理论的基坑支护方案优选模型 ·································· 044
3.6　实例分析 ·· 050
参考文献 ·· 054

第 4 章　软土深基坑支护变形控制及稳定性分析 / 055

4.1　概述 ·· 055
4.2　软土深基坑空间效应的理论研究 ·· 056
4.3　软土深基坑支护结构变形控制研究 ·· 065
4.4　软土深基坑支护体系稳定性分析 ·· 078
4.5　实例分析 ·· 095
参考文献 ·· 099

第 5 章　软土地区深基坑开挖变形特性与预测模型 / 100

5.1　概述 ··· 100
5.2　软土深基坑开挖对周边环境的影响 ···························· 101
5.3　软土基坑周边建筑变形预测与模拟 ···························· 107
5.4　软土深基坑施工风险管理研究 ································· 115
5.5　实例分析 ··· 118
参考文献 ··· 122

第 6 章　减少基坑施工对邻近建筑影响的技术措施 / 124

6.1　概述 ··· 124
6.2　设计措施 ··· 125
6.3　施工措施 ··· 126
6.4　已有建筑物的保护 ··· 127
参考文献 ··· 130

第 7 章　软土深基坑工程案例 / 132

7.1　昆明某软土区深基坑支护案例 ································· 132
7.2　合肥地铁 5 号线清河路站深基坑支护案例 ···················· 134
7.3　全地埋污水处理厂超大基坑支护案例 ························ 145
7.4　济南穿黄隧道深基坑支护案例 ································· 151
7.5　某高层住宅深基坑支护案例 ···································· 160
参考文献 ··· 162

第 1 章

绪　论

1.1　研究背景及意义

随着我国建筑业的快速发展，越来越多的地下工程出现在人们的视野中。如何保证这些地下工程的安全有效发展，防止重大和特大事故的发生，是我们现在必须认真对待的新的重大课题。目前的各种地下工程，包括地铁站、地下车库、地下人防工程、区间隧道、过江隧道、地下仓库、地下商场、地下街道等。

自 20 世纪 80 年代以来，深基坑支护技术在我国得到了广泛应用。在此之前，高层和超高层建筑的地下室有 4～5m 深。自 80 年代末以来，随着我国经济和城市化的快速发展，市政工程和高层建筑如雨后春笋般涌现。为了节约土地资源，调整城市用地结构，加快现代城市设施建设，使国防建设和防灾救灾更加有效，城市地下空间的开发利用正发挥着越来越重要的作用。可以说，开发城市地下空间是城市可持续发展的一个合理有效途径。

面对城市土地资源的有限性，地下工程逐渐成为城市建设的新方向，而深基坑工程是地下工程建设的重要组成部分。往往在商业繁华、靠近建筑物、场地有限、地下设施密集的地方需要进行深基坑施工程，而最简便、最经济的传统边坡开挖技术已不能满足施工要求，从而造成大量的深基坑支护工程问题的产生。据统计，截至目前，我国已建成 10 层以上的高层建筑，建筑面积超过 1.5 亿平方米。根据建筑功能和结构设计的要求，深基坑开挖越来越深，开挖面积越来越大。到目前为止，我国大约有 200 座高度超过 100m 的超高层建筑。典型的例子是上海金茂大厦，它现在是中国的第三高度建筑物。该建筑地上 88 层，塔楼开挖深度达 19.65m，深基坑开挖面积达 20000m²。随着工程实践的发展，我国的深基坑支护技术也日趋成熟。1999 年起，建设部颁布了一系列深基坑工程的技术规范、技术规程以及技术标准。目前，许多研究者也提出了建立深基坑支护工程学科的设想。

随着建设用地的日益紧张，在我国东南沿海地区，深基坑工程具有"深、大、密"的特点，在建筑密集的城市地区，待建深基坑越来越多。既有建筑物、地下市政管线，或城市附近的道路、高架道路，都可能靠近深基坑施工。在如此复杂的环境条件下进行深基坑施工，会对周边地区造成影响。此外，深基坑支护方案的实施存在工程量大、不可预测因素多、技术难度高等诸多问题。到目前为止，有两大问题是岩土工程界和普通百姓都非常关注的：一是如何合理选择深基坑支护方案，在保证深基坑安全、科学施工的同时，能否做好深基坑的安全监测，如何合理有效地控制深基坑施工引起的周围土体的搅动，最大限度地减少深基坑施工对周围已有建（构）筑物和地下管线的影响；二是管理人员能否及时发现施工中的问题，使项目方案得到更好的实施，加强施工现场管理，有效控制工程建设过程中的经济成本、质量、进度三大目标，提高工作效率。随着高层建筑规模越来越大，理论研究的深度已经跟不上相应阶段工程实践的需要。此外，历史经验的积累远不及一些项目的建设规模和技术复杂程度。由于缺乏理论指导和工程实践经验积累，工程事故时有发生。与此同时，项目实施过程中因管理不当造成资源浪费的情况也屡见不鲜，都带来了不良的社会影响和巨大的经济损失。

深基坑的开挖必然导致大规模的土方开挖，从而导致基坑底部和周围土体的卸荷，改变该区域的初始应力场。实践表明，支护结构是影响基坑稳定性的主要因素，而围护桩的埋深是支护结构的关键参数之一。如果埋深设计不符合要求，坑壁会坍塌，造成整个深基坑失稳，严重的会造成周围建（构）筑物倾斜、坍塌、沉降。

对于东南沿海地区，尤其是沿海城市，受土地资源限制，一定会加速向沿海发展。众所周知，沿海地区的土壤类型与内陆城市相差甚远。这些地区普遍分布着厚厚的海相和淤泥质土层，该层颜色一般为灰色，天然含水率远远超过液限。试验结果表明，淤泥质土的天然孔隙比平均比细粒土高 1.5 倍。此外，与普通地层相比，软土还具有固结系数小、天然含水率高、固结过程长、触变性强、渗透性差、抗剪强度低等特点。因此，这类地区深基坑支护结构的变形规律比一般地层深基坑要复杂得多，主要是淤泥和软土增加了沿海地区地下开发的难度，对深基坑工程施工提出了更高的要求。

保证整个深基坑支护工程的顺利运行是支护结构设计的关键，而最优先考虑的是设计参数的选择是否符合近年来工程实际情况。

深基坑的开挖和支护结构设计涉及弹性力学、塑性力学、岩石力学、土力学和流体力学等学科。所以深基坑工程是岩土工程中的一个综合领域。归根结底，深基坑工程主要解决了支护选项问题，确保了深海项目的安全。实际项目中的管理不善必然会造成经济损失、安全问题和人身安全。深基坑工程比普通基坑工程更复杂，难以施工，风险高，难度大。选择合适的支护方案，对于实现既定目标至关重要。

1.2 研究思路及内容

深基坑工程也属于基坑工程，但是相较于一般的基坑工程，深基坑的开挖与施工更加复杂，并且难度更高。根据《危险性较大的分部分项工程安全管理办法》中的附属文件，深基坑是指开挖深度超过 5m（含 5m）或地下室三层以上（含三层），或深度虽未超过 5m，但地质条件和周围环境及地下管线特别复杂的工程。深基坑工程的研究是在一般基坑工程的基础上，它的开挖深度更深或地形更复杂。

深基坑工程的主要研究内容包括基坑支护体系设计与施工和土方开挖，是一项综合性很强的系统工程，它要求岩土工程和结构工程技术人员密切配合。基坑支护体系是临时结构，在地下工程施工完成后就不再需要。其中深基坑结构围护体系的类型，在我国应用较多的有板柱式、柱列式、重力式挡墙、组合式以及土层锚杆、逆筑法、沉井等，在第 2 章中会对深基坑的支护方案进行详细介绍。由于深基坑工程的复杂性，其支护方案的选择有特定的评价体系，会在第 3 章中进行详细介绍。而深基坑支护的稳定性和变形对于结构的安全是极为重要的，在第 4 章中会对深基坑支护进行稳定性分析和变形控制研究。深基坑开挖要考虑对周边环境的影响，第 5 章将介绍深基坑对周边环境的影响和变形特性。第 6 章介绍了减少深基坑施工对周边环境影响的设计措施与施工措施。第 7 章介绍了是一些工程案例的实际应用，包括轨道交通、明挖隧道、高层住宅等深基坑的工程应用。

1.2.1 深基坑设计的基本原理

在设计深基坑支护工程时，不仅要保证整个支护工程在施工过程中的安全性，还要控制其支护结构和周围土体的变形在合理的范围之内，以保证周边环境的安全。在此前提下，设计既要合理，又要节约成本，方便施工，缩短工期。

深基坑支护工程的设计阶段主要分为方案选择、设计计算和信息化施工三个阶段。其中，方案选择是指根据深基坑工程所在地的自然条件选择一个最优方案，并对具体方案进行细节计算，以达到基坑支护安全、经济的目的。

概念设计是深基坑支护体系的设计的关键所在，比如可行方案的优化和筛选，概念设计也是深基坑支护工程的整体设计思想，还是一种面向问题的方案设计方法。

1.2.2 软土深基坑设计的依据

软土深基坑设计是通过使用调查数据，结合支护结构、土方开挖方案、降水、环保方案和监测等的设计综合考虑的工程，它与施工作业、施工顺序、支撑形式和拆除等密切相关。设计部门应收集以下信息：

（1）岩土工程的勘察报告；

（2）周围建筑物、地下结构的类型和分布图；

（3）用地红线图、建筑总平面图、周边地下管线图、地下结构平面图和各种剖面图等。

深基坑工程是一个十分复杂的综合性工程，上面所提到的资料只是其所需要的一部分，还要满足各种设计及施工技术的规范，包括地方和国家级的规范，以及一些特殊地质要求所需要满足的规定等。

设计者要充分了解各种规范，对需要设计的工程有所认识，进行实地调研，综合考虑各种情况，吸收实际工程案例的经验，认真完成基坑工程的设计，保证每一个参数都选取正确。

1.2.3 软土深基坑设计基本原则

通常情况下，对于软土深基坑工程的设计，需要遵循如下原则。

（1）注重理论指导的作用。目前，土力学的理论和计算方法还不能完全解决深基坑的所有问题，也不能非常准确地提供计算数据，但是在实际工程施工中，可以结合工程的具体信息深入应用这些理论和算法进行指导。目前时空效应理论在分析和指导软土流变特性时，应与实际工程经验紧密联系，从而指导实际工程。但不可否认，实际建设中有很多不成功的例子，这些问题往往在某些方面违背了理论所确定的规律。

（2）全面分析计算工程情况，考虑各种不利的工程状况。对于土质指标和抗力系数，应该综合考虑理论知识和当地工程经验，冬季降温和雨季雨水多的自然条件都应考虑在内，基坑的强度是否会受到影响。目前为止，基坑加固后的各类计算指标只能根据试验和工程经验来确定。

（3）深基坑工程总体方案选择。深基坑工程的风险性和复杂性是很高的，因此设计者需要掌握当地或者类似条件下的工程经验，结合工程条件综合设计出一套安全、合理、可靠、经济的整体方案。

（4）做好地表水及地下水的控制。对于透水性强、地下水位高的土层，需要确定可靠的防水降水方案。在选择建筑防水帷幕（或墙）时，选择的地基加固方法必须适合土层，以保证防水帷幕的连续性。

（5）在软土地区深基坑开挖支护工作中，还应运用"时空效应"的概念，精心安排挖掘机的支护方案，保证基坑的安全和位移的减少。

（6）认真及时地对工期进行监控和分析。一旦在检查中发现异常情况，应及时采取相应的技术措施，从多方面避免极端不良情况的发生。有时，会有显著的结构变化或各种移动和滑动现象，因此有必要对矛盾主题进行分析，做出相应有效的加固设计，提出建设性的技术方案，实现快速加固，避免变形和滑移现象的恶化，以及发生不必要的事故。

1.2.4 软土深基坑支护结构的设计内容

一般情况下，深基坑支护工程的设计内容包括以下几方面：

（1）对不同支护方案的选择及确定；

（2）对支护结构的实际强度进行分析和各种变形计算；

（3）采用多种不同的方法验算实际基坑的稳定性；

（4）采用多种不同的方法计算对围护墙的抗渗透性；

（5）通过几种不同基坑的降水方案选择最优方案；

（6）预备多种挖土方案；

（7）分析评估具体的监测方案；

（8）对环境保护提出具体要求并严格执行。

此外，设计者还要拥有严谨认真的科学研究态度，来保证深基坑工程的安全，工程经验和理论指导同样重要，缺一不可，两者综合考虑才能设计出安全合理的深基坑支护方案。

1.2.5 软土深基坑工程概念设计

软土深基坑工程是复杂、动态的系统工程，很多条件都充满了不确定性，如地层、施工、周边环境条件等，还具有时域性和多元性。

（1）土的特性具有不确定和非均匀性。由于地基土的物理力学性质在空间上不是恒定的、非均匀的，所以在基坑开挖的不同部位、不同阶段，土的质量是不同的，甚至基坑开挖的速度也会导致软土力学性质的不同。因此，在基坑支护结构上的作用力和提供的阻力也会随之变化。

（2）外力不确定性。施工方法、环境条件及施工步骤等会影响支护结构上的外力作用，因此有不确定性。

（3）施工自然环境条件异常。地下施工时，经常会遇到各种地下障碍物，包括各种管网电缆，如自来水管、污水排放管等，有时会因施工的影响而断裂，巨大的水射流会使水流冲刷场地土壤。此外，施工现场的天气和温度也会发生不可预测的变化。这些不可预测的外部自然因素显然会有特殊的外力作用在支护结构上，严重影响基坑支护工程的正常施工。

（4）施工变形具有不确定性。关键变形的控制是深基坑支护结构设计中的一个重要环节。一般来说，这种变形受多种因素制约，比如支护结构（或锚杆）体系的布置，结构的刚度和截面特性，地下水变化的影响，地基土的性质和工程量等，这些都会导致变形的不确定。

因此，工程地质条件的不确定性、岩土参数的不确定性、计算条件的模糊性、信息的不完全性，使得我们做出的计算假定、计算模式、计算方法、计算参数等与实际之间存在不一致性。也就是说岩土工程的问题单纯依靠计算是不可靠的。我们的计算不求精确，但求判断正确。因此，概念设计非常重要，概念设计是一种设计思想，从框架设计和方案设计依靠工程地质专家的判断，抓住深基坑工程面临的关键问题，着眼于工程方案的遴选和优化。

第2章

软土深基坑概述

2.1 概述

2.1.1 软土的定义及分类

软土（Soft Soil）是淤泥（Muck）和淤泥质土（Mucky Soil）的总称，主要指由天然含水率高、压缩性高、承载能力低的淤泥沉积物及少量腐殖质所组成的土。软土是指临海、湖沼、谷地、河滩沉积的细粒土，具有天然含水率高、天然孔隙比大、压缩性高、抗剪强度低、固结系数小、固结时间长、灵敏度高、扰动性大、透水性差、土层层状分布复杂、各层之间物理力学性质相差较大等特点。

沿海沉积土大致分为以下四种类型。

（1）泻湖相沉积。其特点是沉积物颗粒细，孔隙比大，强度低，地层相对单一，分布范围广，常形成临海平原。在泻湖边缘，表层通常有 0.3~2.0m 的泥炭堆积，底部含有贝壳和生物碎屑。

（2）溺谷相沉积。其特点是结构松散，孔隙比大，含水率高。表层为回填土或耕植土、薄层粉质黏土。软土分布较窄，其边缘表面经常堆积泥炭。

（3）临海相沉积。海浪、岸流和潮汐的水动力作用往往导致粗颗粒相掺入，使颗粒不均匀，结构极其松散，增强了淤泥的透水性，易于压缩固结。一般表层为几米厚的棕黄色粉质黏土，下面为厚层淤泥土，常夹薄层粉砂或透镜体。

（4）三角洲相沉积。由于河湖的复杂交替，淤泥和薄砂交替沉积，受海流和波浪的破坏，分选程度差，结构不稳定。它比上述三种类型的软土具有更好的性质。

2.1.2 软土深基坑的特点

在住房和城乡建设部 2009 年发布的《危险性较大的分部分项工程安全管理办法》的附属文件中，将深基坑工程定义为：开挖深度超过 5m（包括 5m）的基坑（槽）的土方开挖及支护工程；开挖深度未超过 5m 但工程地质条件、周围环境及地下管线复杂的土方开挖及支护工程。基坑工程指的是包含土方开挖与回填、基坑支护、地下水控制等技术工作和完成实体的总称。

在我国的东南沿海地区，特别是长江中下游地区，像南昌、无锡、南京、绍兴、福州等地，软土地质分布面都非常广泛。从地质学的角度来看，这些软土可以分为几类，如沿海环境的沉积物和大河三角洲地区的沉积物。此外，在靠近河流、湖泊和沼泽的地区，也会出现相应的环境沉积软土。其中最让人头疼的就是沼泽环境沉积的软土，因为这种软土往往有机质含量最高，强度最低。

从水力学的角度来看，软土的成因主要与大河的流动和淤积有关。以南京地区的软土为例，发现软黏土的形成与长江两岸连续不断的洪涝灾害有关，即所谓的洪泛区。此外，周围的湖泊和池塘在软土的形成中也起着积极的作用，因为在水力的长期作用和重力引起的沉积作用下，那些沉积物的碎屑会不断地被置换。此时出现典型的二元沉积规律，自然会形成软土和下伏的砂土层。

在沿海软土地区，地层主要是淤泥质软土，天然含水率高，透水性差，压缩性高，承载力低，土层分布复杂。软土的特性决定了如果将其作为建筑物的持力层，容易造成地基沉降，存在重大安全隐患。软土的特性对软土深基坑工程有着重要的影响，具体描述如下。

（1）软土深基坑的触变性。即地面下原状土经振动后结构被破坏，强度降低后变稀，易引起土体侧向滑动、沉降和基底侧向挤压，导致基底变形。

（2）软土深基坑的高压缩性。在外压作用下，软土容易产生大变形，导致地面和软土深基坑支护结构的沉降。

（3）软土渗透性低、含水率高。软土的垂直渗透系数一般小于 0.05m/d，坑壁后侧容易因积水产生侧向水压力，影响深基坑边坡的稳定性和地基强度，延长地基趋于稳定时的沉降时间。

（4）软土抗剪强度低且不均匀。软土的抗剪强度低（一般为 5～15kPa），使得软土深基坑容易产生不均匀沉降。

由于规模和场地岩土条件的不同，软土深基坑开挖会出现各种岩土工程问题，包括可能引起坡土的变形和支护结构的变化，其中一些还可能引起基底的突然隆起和整个结构稳定性的不平衡。此外，地下水还可能突然从边墙涌出，这多是由于开挖时地下水坡度突然下降导致的，会造成基坑附近地表或地下严重变形，有时还会造成严重破坏。

2.1.3 软土深基坑支护工程的特点

（1）深基坑工程是一个临时性的项目，它的支护成本高，施工风险大。一旦发生事故，处理起来难度会很大，通常都会造成严重的社会影响和巨大经济损失，所以工程风险较大。

（2）对于软土深基坑支护工程，在其施工过程中，基坑所受荷载和结构体系在一直变化，所以其设计和施工存在着紧密的联系。设计的准确性和施工工艺水平对基坑支护效果有着直接的影响。

（3）岩石和土壤在结构上具有随机性、离散性和不定向性，它们是自然界中非常复杂的自然物质。基坑支护工程涉及土体的力学稳定性、强度和变形等典型问题，也涉及支护结构与土体的相互作用。

（4）软土深基坑工程支护设计人员必须具备和运用以下方面知识的能力。

① 能提出相应的勘察任务。能研究分析地质勘察报告中提供的说明和各种参数，选择合理的参数计算其支护结构的土压力，能准确预测基坑开挖带来的环境影响，也能准确判断和处理地质条件变化带来的问题。

② 建筑结构及力学知识。能理解主体结构的设计要求，掌握主体结构与基坑支护结构的关系，处理好永久主体结构与临时支护结构的关系，支撑作为永久性结构和一级支护结构的技术问题。

③ 施工经验。熟悉防水、降水、地基加固等各种特殊技术的施工方法、工艺及相关设备选型，能够从质量、成本、工期等方面比较各种支护方案。

④ 选择合理的设计和施工方案。深基坑工程需要充分吸收施工技术和工程成败的经验，施工技术条件应该因地制宜地根据各地区的地质、环境和施工条件的特点进行充分考虑。

总体而言，软土深基坑工程相比其他工程更加复杂，因土体的特性增加了工程的难度，也使施工难度增加。

2.1.4　软土深基坑支护工程的基本技术要求

深基坑工程的支护设计方案想要成功，必须满足以下三点要求。

（1）安全可靠性。变形控制应该在设计要求的合理范围内，周围建筑物的稳定性和支护结构安全性得到保证，这就是安全可靠性。

（2）经济的合理性。施工中必须注意安全，在此前提下，基坑工程支护结构的经济合理性应从多方面考虑。在材料方面，应该尽量节约；在工期方面，应尽量做到准时；另外要注意尽量少用人力，更好地维护设备，保护自然环境。

（3）施工便利性及工期保证性。在安全、可靠、经济、合理的原则下，还应尽可能满足方便施工和提前完成工期的要求。近年来，大量的工程实例表明，我们有很多好的经验，但还有很多问题和困难需要进一步研究和总结。在一些项目中，主要有两种状况。第一种状况是深基坑支护工程由于支护设计上的问题，或者说是施工人员的问题，造成了巨大的经济损失，进而导致基坑周边的道路、建筑、电力、燃气、水等生命线工程的破坏；第二种状况是设计过于保守，支架选择方法陈旧，造成建设投资的巨大浪费。后者往往更容易引起人们的忽视。

在支架设计计算方面，进行深入研究具有重要的现实意义。因为在深基坑支护工程的招投标过程中，由于各单位采用的计算方法不同，导致预算差异很大，所以报价差异也很大，直接影响到施工单位的中标率。

深基坑支护工程非常复杂，难度极大，是一项综合性的系统工程。必须综合考虑各种因素，从而找到所有相关的确定性因素和非确定性因素，最终找到与之相匹配的最佳参数。在成本最低的条件下，解决技术复杂的问题，以基坑底支护工程的周边环境安全和满足使用功能为目的，设计出真正优秀的深基坑支护工程方案，使深基坑支护工程既安全又经济。

2.2　常见的软土深基坑支护方案

2.2.1　支护体系的组成

深基坑支护体系一般有三类，分别是排桩和板墙式支护体系、水泥土挡墙体系以及边坡稳定体系，其工作机理和材料都不尽相同。

（1）排桩和板墙式支护体系。通常由围护桩或围护墙、支撑或锚杆及止水帷幕等部分组成，有板墙式、排桩式、板桩式与组合式四种支护形式。

（2）水泥土挡墙体系。在施工过程中是没有支撑的，依靠自身的重量和强度来保护坑壁，但是经采取措施后可以在局部加设支撑，一般有三种形式，分别是深层水泥土桩墙、高压喷射注浆桩墙和粉体喷射注浆桩墙。

（3）边坡稳定体系。采用边坡稳定技术，这项技术在我国北方地区应用广泛，在我国南方软土地区也有成功的先例，在深基坑工程中是一种经济效益较好的技术。

2.2.2　常见的深基坑支护结构及其使用范围

深基坑的支护形式各种各样，每种基坑支护结构都有其优缺点和一定的适用范围。在软土深基坑工程的选择中，要根据工程实际，从工程、水文地质条件、基坑深度、施工成本等方面进行综合分析，选用合适的软土深基坑支护（组合支护）方案，从而达到支护结构安全可靠、成本降低、减少工期的目的。常见的深基坑支护形式及其适用范围如下。

2.2.2.1　钢板桩支护

钢板桩具有可靠性高和耐久性好的特点，一般是工厂生产的成品，所以其强度和接缝精度都具有质量保证，拔出校正后还可以继续使用。选择钢板桩作为支护结构时，无论基坑较深还是地下水位较高都可以适用，具有挡土、防水的功能，还可以防止流沙的发生，如图 2.1 所示。目前市面上常见的钢板桩的截面有 U 形、Z 形和直腹板形，由于钢板桩具有施工便捷的特点，因此在深基坑工程中得到了广泛应用。

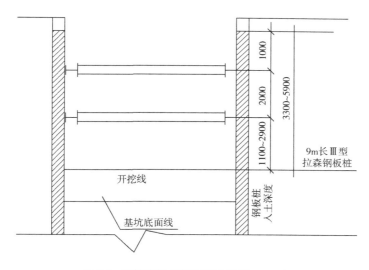

图 2.1　深基坑钢板桩支护（单位：mm）

钢板桩的适用范围与使用条件如下。钢板桩的施工可能会导致相邻地基的变形或引起噪声振动，在人口密度大、建筑密集的地区使用会受到限制，而且拔出时对周围地基土和地表土有一定的影响，对周围环境影响很大。由于钢板桩本身的柔性较大，当基坑支护深度大于 7m 时，不宜采用。

2.2.2.2　排桩支护

排桩也是基坑工程中常用的一种支护方式，由一定间距排列或密排的桩组成，钢筋混凝土挖孔、钻（冲）孔灌注桩或预应力高强度混凝土管桩（PHC 管桩）是其主要挡土结构。

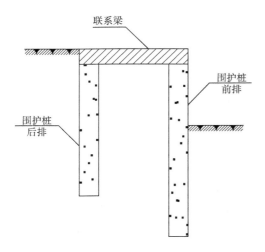

图 2.2 排桩支护示意

当建筑主体结构外墙受力时，应考虑排桩的受力，需要用防水层隔开，一般情况下，桩和主体之间没有拉筋。目前工程中，对于排桩支护使用最多的是钻孔灌注桩，如图 2.2 所示。在施工过程中需要采取桩间注浆、止水帷幕等措施，因为排桩间有间隙，容易造成水土流失的现象。

排桩支护的适用条件与适用范围如下。基坑深度达到 8～14m，且周边环境情况不复杂时，经常考虑采用排桩支护。支撑式排桩不适宜用在基坑较深、平面尺寸大且周围环境复杂的情况下，这时可以采用锚拉式排桩。悬臂式排桩适用于基坑较浅且基坑周围环境对支护结构位移的限制不严格的情况下。当基坑深度不超过 5m 且为三级基坑时，适用于悬臂式柱列桩。一、二级基坑工程多采用锚式柱列桩。可以采用其他支护形式时，一般不首选支撑式排桩，因为采用内支撑可能会给后期施工造成很大障碍。

2.2.2.3 土钉墙支护

土钉墙可以起到主动的嵌固作用，增加边坡的稳定程度，是一种边坡稳定式的支护，保证基坑开挖后坡面的稳定（图 2.3）。它的优势是稳定可靠、施工简便并且工期短、支护效果和经济性好。通过单项支护技术或止水技术与土钉墙相互结合而成的复合体系就形成了复合土钉墙，如土钉墙、各种功能的微型桩、锚杆支护及搅拌桩组合而成的复合土钉墙，抗滑移力性能极好。

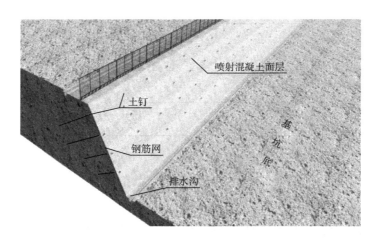

图 2.3 土钉墙支护

土钉墙支护的适用范围与适用条件如下。土钉墙支护宜在土质较好、场地开阔且周边对变形要求不严格的条件下使用，并且使用效果良好，得到业内广泛认可，但是土质不好的地区难以运用。在坑底位于地下水位以下时，需要进行人工降排水。当场地地质条件较复杂，不能满足土钉墙支护的条件时，可采用土钉支护与其他支护手段相结合的复合土钉墙支护形式，如水泥搅拌桩、预应力锚杆的联合使用。这种复合体系在基坑工程中大量应用，适用于软土区域、膨胀性土体等性质不好的土层。使用前要充分分析基坑周边的环境状态，当地下有地下管线及密布的基桩时不应被使用。

2.2.2.4 深层搅拌桩支护

深层搅拌桩是通过水泥的固化作用，再采用专用搅拌设备将水泥与搅拌井周围的软土和地下水混合。搅拌桩是搅拌后的混合物渐渐变硬而形成的，而混合物能够硬化是因为水泥具有水化作用，从而地基强度会得到提升，如图 2.4 所示。这种支护可以较为良好地止水和挡水，是因为在水泥的固化作用下通过搅拌桩形成一个间隙比较小的桩体结构，同时，搅拌桩的施工在一定方向上是连续的，连成一片的搅拌桩还拥有不错的挡土功能。

图 2.4 深层搅拌桩支护

深层搅拌桩支护的适用范围与适用条件如下。在处理淤泥、砂土、淤泥质土、泥炭土和粉土时，深层水泥搅拌桩可以被合适地应用。深层水泥搅拌桩在用于处理泥炭土或地下水具有侵蚀性时，其适用性需要通过试验来确定。低温对其处理效果具有一定的影响。

2.2.2.5 重力式水泥土墙支护（图 2.5）

重力式水泥土墙支护是一个实体结构，它是由一个拥有厚度和重量都很大的刚性实体结构在基坑侧壁上形成的，用其本身的重量抵抗基坑侧壁土压力，以此来满足抗滑移和抗倾覆要求。一般情况下采用水泥土搅拌桩，有时也可以用旋喷桩构成这类结构。这种重力式水泥土墙结构由相互搭接的桩体形成格栅状或块状而组成。由于坑内没有支撑，可以快捷地进行机械化挖土，重力式水泥土墙可以隔水和挡水。

重力式水泥土墙支护的适用范围与适用条件如下。重力式水泥土墙支护不适用于周边环境复杂的情况，并且当基坑深度比 6m 大时，位移会比较大，特别是基坑深度比较大时也不宜使用，所以在保护要求较高时，要严格把控基坑的开挖深度。由于施工工艺水平和施工设备的先进化程度越来越高，水泥土桩不仅可以用于软土中，像淤泥和淤泥质土、含水率高的黏土中，也适用于砂土或砂质黏土等比较坚硬的地层上。

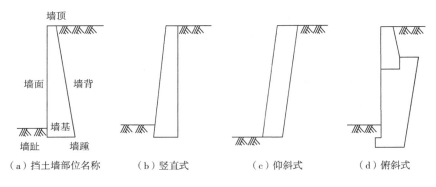

| (a) 挡土墙部位名称 | (b) 竖直式 | (c) 仰斜式 | (d) 俯斜式 |

图 2.5　重力式水泥土墙

2.2.2.6　预应力锚索支护

一般情况下，锚固段、自由段、拉杆（钢绞线）、锚头和其传力装置等部分组成预应力锚索（图 2.6），这种构件可以将荷载传递至岩土层的深部，荷载的传递主要依靠高强度钢绞线和在岩石上锚固。通过对锚索施加预应力可以对支护结构的变形起到限制的作用，从而满足变形限制的要求。预应力锚索支护通过提供反力来使结构保持稳定。

图 2.6　预应力锚索

预应力锚索支护结构一般在深基坑工程中不会被单独使用，通常联合土钉墙、地下连续墙、排桩等支护结构来使用，是一种有效的深基坑支护方式。

预应力锚索支护的适用范围与适用条件如下。锚索的类型有一次注浆锚索、二次压力注浆锚索、扩大头锚索和可回收式锚索。其中一次注浆锚索适用于岩层荷载较小的锚固，当设计荷载较大时，可以通过二次压力注浆锚索来提高锚固效率。而扩大头锚索和可回收式锚索属于压力式锚索，扩大头锚索拉杆为无黏结钢绞线，空间场地受到限制时适合此类锚索，可以在锚固段通过机械或高压喷射注浆扩孔来提高锚固效率。可回收式锚索同样以无黏结钢绞线作为拉杆，在使用完毕后，钢绞线可以通过某种装置回收，减小对周围场地的地下空间后续开发的影响。

2.2.2.7　地下连续墙

根据施工方法可以把地下连续墙分为预制地下连续墙和现浇地下连续墙。按平面形状和功能分，有型钢混凝土地下连续墙和素混凝土地下连续墙等各种形式。止水帷幕的作用是地下连续墙所必须具备的，无论是素混凝土连续墙还是型钢混凝土地下连续墙都有此作用，它们之间的区别是素混凝土连续墙没有钢筋笼或型钢。遇到较大的基坑时，地下连续墙的现场浇筑需要更大的场地，这就造成了施工的不方便性，不是每一个施工现场都具有足够的空地，所以预制的地下连续墙就这样发展了起来。

地下连续墙施工图如图 2.7 所示，地下连续墙施工流程如图 2.8 所示。

图 2.7 地下连续墙施工图

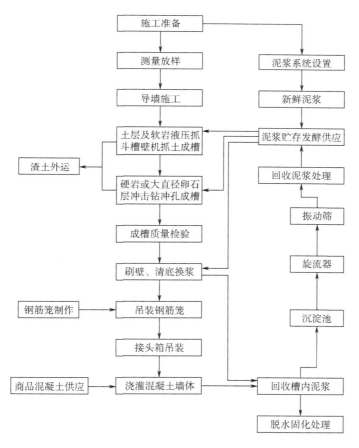

图 2.8 地下连续墙施工流程

地下连续墙支护的适用范围与适用条件如下。在所有的支护方式中，地下连续墙有最高的强度，地铁基坑的支护一般都采用地下连续墙支护。当开挖深度比 10m 大并且要求具有较高的防渗性时，一般会采用地下连续墙支护，因为此时其他支护结构可能无法满足深基坑工程的要求。

2.2.2.8　加筋水泥土墙支护

H 型钢或者钢管、板桩等插入水泥土桩中就组成了加筋水泥土挡墙。众所周知，水泥土能够阻隔水的渗漏，而横向荷载又可以由 H 型钢很好地承受，所以这种组合成的加筋水泥土墙不仅有较高的强度，而且可以很好地阻挡水的渗漏，起到止水抗渗的作用。新型水泥土搅拌桩法是加筋水泥土墙支护的典型代表，简称为 SMW 工法（图 2.9），不仅强度高、抗渗漏能力好，而且施工时产生的噪声小，对周围环境的影响不大。

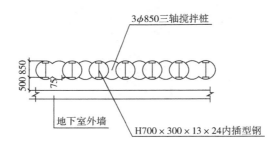

图 2.9　SMW 工法＋支撑围护示意

加筋水泥土墙支护的适用范围与适用条件如下。由于 H 型钢或者钢板桩与水泥土桩的组合作用，使加筋水泥土墙支护可以承受横向荷载并且止水抗渗。这种支护结构适用于各种软土或硬质土层中，在黏土、粉土或者沙砾土等土层中都可以应用。

2.3　临海软土地区深基坑支护存在的问题与常用方式

2.3.1　临海软土地层的特点

在 2.2 节中已经提到软土的定义，它的天然含水率高、孔隙比大、压缩性高、抗剪强度低。而对于滨海地区，这里的软土地层含水率更高，甚至达到 100%，孔隙比更大，各种物理力学性质会更差；压缩性更高，在外力或重力作用下有更大的沉降值；渗透性弱更强，极差的排水固结性能，降水周期更加长；固结系数更小，而且固结持续时间更长；抗剪强度更低，触变性更强，极易变形；承载能力极低，施工前需要采取很多措施才可以进行施工；软土的黏聚力更小，土的抗剪能力更差。

2.3.2　临海软土地层深基坑施工难点

深基坑工程一直都属于岩土工程的一个综合性研究难题，尤其是临海的软土地区，地质条件更为复杂，软土含水率更高，孔隙比更大，致使临海地区软土深基坑工程问题更加难以处理。

（1）由于软土地区土质的抗剪强度差，承载能力低，在开挖扰动的影响下深基坑的支护结构容易出现变形或者失稳。大量工程实践的数据表明，临海软土深基坑的支护结构水平位移相较于一般地区大很多。

（2）软土深基坑的开挖会对周围环境造成一定的影响，由于土质条件的复杂，很容易对周边建筑物产生影响，严重甚至引起周围建筑的倾斜或沉降。

（3）软土深基坑的支护结构有强烈的时空效应，即深基坑工程耗费的时间越久，支护结构的变形越大，这是因为软土的含水率太高，土层的触变性灵敏，易于变形。

（4）水对土质的影响比较大。因为软土的天然含水率高，土体内部存在孔隙水压力，减小了土的有效应力，强度下降，并且水与土的结合使土的流动性变强，降低了土体的抗剪强度。

2.3.3 临海软土地层深基坑破坏类型

2.3.3.1 整体失稳

基坑外土体大面积的滑落和支护围护结构体系的整体失稳破坏，主要是由于地层的软弱和基坑平面尺寸较大，深基坑的支护结构较为复杂，有时板桩墙的嵌入深度不够，或者施工不到位，导致支撑位置不准确，使板桩墙产生偏大的位移。

2.3.3.2 踢脚破坏

一般情况下，踢脚破坏的原因主要有三个：第一个原因主要是坑底下部土层含水率太高，围护桩提供水平约束的不足，造成坑底隆起，从而导致踢脚破坏（图2.10），此类情况一般出现在土层为厚层淤泥上；第二个原因是支护结构刚度设计不满足要求；第三个原因是支护结构的嵌固深度设计不满足要求，坑壁侧向土压力大于桩体下部锚固力。

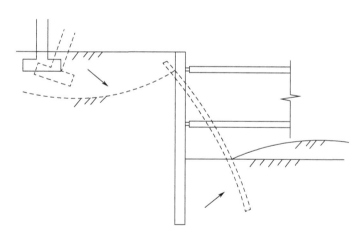

图2.10 基坑踢脚破坏示意

2.3.3.3 围护结构内倾破坏

设计者对结构的设计存在不足，设计人员对深基坑的实际工程情况认识不足，一般是发生此类破坏的主要原因。这是因为设计人员在设计过程中，支护结构的受力值取值偏小，导致桩体的刚度不足，侧向土压力大于桩体承受的极限值，于是桩体上端被迫向坑内转动，使坑壁周围地表发生沉降，如图2.11所示。

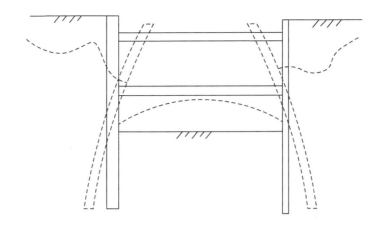

图 2.11　围护结构内倾破坏示意

2.3.3.4　围护结构折断

围护结构的折断破坏主要与施工工艺水平有关。支护结构所用的材料不能满足使用要求，施工单位为了节约成本，减少开销，使用不合格的材料导致发生此类破坏；在基坑开挖后没有及时地对基坑进行支护加固，施工时没有达到先支后挖的要求，导致围护桩没有水平约束，被土压力的作用所折断；如果前期围护桩施工时，桩体出现了破坏或者断裂，没有采取有效措施进行处理或者换桩，开挖时围护桩的承受土压力的能力不够，造成围护结构折断破坏。

2.3.3.5　基坑隆起

经过工程实践发现，较为常见的深基坑破坏还有基坑隆起破坏。学过土力学的人都知道，土压力随着开挖深度的增大也越来越大，所以围护桩承受的土压力在快速增长，导致桩体出现向坑内移动，由于内支撑往往约束桩体上部，这样就会出现嵌固深度范围内的桩体向坑内移动，而坑底土体受到的压力大大增加，导致其发生明显的基坑隆起破坏，见图2.12。

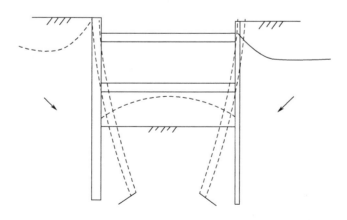

图 2.12　基底隆起破坏示意

2.3.3.6　管涌及流沙

管涌或流沙的发生是因为动水压力的渗流速度大于临界流速或者水力梯度超过临界梯

度。由于土层的含水率高，孔隙比大，一旦基坑底部或墙体外的水压力过大，砂土就会随着地下水涌入基坑内，导致基坑塌陷，基坑侧壁出现过大位移，从而引起整个支护结构的破坏。基坑管涌破坏如图 2.13 所示。

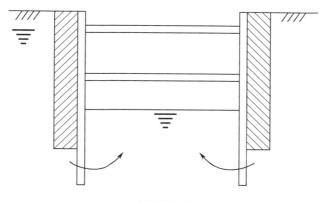

图 2.13　基坑管涌破坏示意

2.3.4　临海软土地区深基坑支护存在的问题

由于临海软土地区地层的含水率很高，孔隙比很大，在这些地方的深基坑工程施工起来条件非常困难，深基坑工程的支护要考虑到以下问题。

（1）工程地质与水文条件。由于临海地区的地下水含量十分高，地下水对支护结构的变形影响会非常大，要合理选择支护方案，防止地下水渗漏造成基坑破坏。

（2）深基坑支护结构设计是否合理。在工程实例中，有时会由于设计者对实际工程缺乏认识，导致工程参数选择不当，基坑支护结构设计不合理，进而导致深基坑支护结构发生较大变形。根据以往的工程案例，深基坑支护结构设计不合理主要来自以下几方面。

① 围护结构刚度。土的侧向应力主要由支护结构来承担，由于围护结构要限制土体的位移，其刚度一定要满足要求。一旦支护结构的刚度不足以承受土体的挤压作用，就会发生较大的弯曲变形，甚至导致整个支护系统的破坏。从经济成本上考虑，围护结构刚度过大，就会导致资源浪费，所以应选择合适的围护结构，刚度不能太小也不宜太大。

② 围护结构入土深度。围护结构嵌入土体中的深度要合理，不能太浅也不应太深，太浅不能满足基坑稳定的要求，容易导致基坑失稳而发生破坏；嵌入深度过深，没有明显的作用，造成经济的浪费。

③ 被动区土体加固。在临海地区，由于土层的含水率太高，地下水水位高，基坑的止水帷幕的截水作用可能不足以满足要求，需要对坑底进行加固，防止坑底隆起和管涌、流沙的发生。现如今，坑底加固的方式主要有深层搅拌桩和坑底注浆等方式，在前面都有所介绍。深层搅拌桩在软土地区深基坑的坑底加固中应用广泛。

（3）基坑规模。许多工程实践验证，基坑规模小且平整则施工起来就容易，支护结构也会稳定。如今土地资源越来越紧张，建筑高度也在不断增加。结构功能越来越复杂，建筑的重量也是越来越大，对基坑的要求越来越高，基坑规模越来越大并且基坑形状也不一定平整，对支护结构的稳定性提出了新的要求。

（4）基坑渗流。临海地区的土层含水率高，土体的抗剪强度低，对于深基坑的稳定性要重视基坑渗流的影响。

（5）施工不当存在的问题。施工是否合理安全将直接影响深基坑工程的安全性。

① 施工方法不当。"先支后挖"和"分段开挖"是进行深基坑支护时必须遵守的基本原则，只有在这个原则下施工才能保证基坑工程的安全稳定。但是在实际施工过程中，有的施工单位不遵守此原则，严重者导致基坑坍塌，造成人员伤亡。

② 施工管理不科学。施工单位人员的管理水平有高有低，没有科学的管理制度，在施工过程中只追求工程进度，忽视安全管理，甚至不按照施工方案施工，没有严格执行制定的施工办法。

③ 施工质量管控不严。质量是一个工程的根本所在，如果施工质量得不到保证，那么深基坑支护结构的安全很难保障。有些施工单位为了节省经济，偷工减料，降低施工要求，支护结构的稳定性很容易出现问题。

2.4 软土深基坑施工关键技术要点

2.4.1 软土深基坑支护施工应注意的问题

一般来说，软土深基坑的地质条件比普通深基坑更加复杂、不确定和危险，这就要求工程相关人员要注意施工中的各个环节和各级检查，防止基坑发生事故。在软土深基坑施工中，除了遵循开挖顺序和工艺流程，严格控制质量，严格控制工程进度和造价，加强各方沟通外，还需要注意如下问题。

（1）必须掌握地下水的情况，基坑降水和排水做到位。在施工前，应结合地质调查报告中提供的地质条件和其他资料，分析地下水对深基坑施工的可能影响，以便及时编制相应的减水、排水和分水方案；利用经验公式或抽水试验估算降水影响范围，并采取预控措施；降水系统的布置和施工应尽量减少保护对象下的地下水位变化范围；当井点降水系统靠近保护对象时，应采取适当的布置方法和措施，以减少降水深度；在降水井施工过程中，应避免可能危及保护对象的方法；应设置水幕，以减少降水对保护对象的影响。

（2）软土地基的处理需得当。由于软土的一些特性，软土地基的承载力和稳定性较差，容易引起建筑物沉降和基坑底部隆起，若处理不当会造成严重后果。基坑开挖期间和开挖后，为保证井点正常降水，减少坑底暴露时间，应尽快浇筑垫层和底板，或用搅拌桩和旋喷桩加固坑底土层，或采用替代垫层法等方法处理软土地基。

（3）施工过程中进行必要的信息化监测。深基坑支护的系统监测是保证基坑支护结构、地下管线及周围环境安全的重要手段。通过监测可以发现理论上无法预测的问题，这是对设计和施工的重要补充。对于软土深基坑，水文地质条件复杂，周边环境复杂，信息化建设尤为重要。施工中采用信息监测与现场检查相结合的方式。根据《建筑基坑工程监测技术规范》（GB 5044—2009）和工程实际情况的相关要求，对软土深基坑支护结构、周边环境和基坑监测点进行布置，及时发现存在的问题。应对软土深基坑支护结构的变形、沉降、水平位移或倾角、裂缝、坑底隆起变形等进行实时监测，并根据反馈信息采取相应措施，避免工程事故，减少经济损失。

2.4.2 软土深基坑施工关键技术要点

2.4.2.1 基坑开挖

（1）临边防护

① 基坑施工过程必须要按照规范和制定的方案严格执行。

② 软土地区的深基坑工程的临边防护要求要比普通基坑更加严格和安全。

（2）排水措施

① 基坑排水方式主要有四种，分别是集水明排、集水井排、人工井点降水和回灌排水法。深基坑降水根据实际工程需要选择合理的排水方案。

② 深基坑施工时，若在坑外降水，要防止周围建筑物的沉降，采取相应的措施预防。

（3）坑边荷载

① 在基坑、边坡和基础桩孔边缘堆放各种建筑材料时，应按规定的距离堆放；各种施工机械与基坑、边坡、基桩孔边缘的距离，应根据设备重量、基坑支护、土质、边坡、基桩等因素确定，堆积荷载不得超过设计规定。

② 施工机械与基坑、边坡之间的距离小于规定时，在施工机械的运行范围内，对基坑支护和地面采取加固措施。

（4）上下通道

① 在基坑施工中，施工人员必须设置通道，上下操作，不得擅自攀登临时设施。

② 通道的设置必须结构牢固可靠，数量和位置应符合相关安全要求。

（5）土方开挖

① 检查部门应对土方施工机械进行检查验收，合格后方能进入现场施工作业，相关机械操作人员应具备相应资质。

② 在机械开挖土方时，机械作业半径范围内作业人员不得进入其中进行找坡或清理作业。

③ 施工过程中开挖顺序应严格遵循从上向下的原则，不能先切除坡脚和超挖。

2.4.2.2 基坑监测

（1）基坑开挖前应制定好合理的监控方案，监控方案要包含监控目的、监控警报值、监测项目等。监测方法和精度要求，监测点的布置、监测周期、工序管理和记录制度以及信息反馈系统也需要在案说明。

（2）监测要素：基础施工的监测要素根据基础侧墙的安全等级（分为一级、二级、三级）选择，分为：支护结构位移；周围建筑物和地下管线变形；地下水位；桩和墙的内力；锚杆拉力；支撑结构的轴力；柱子变形值；地面层的垂直位移；支撑结构界面的侧向压力。

（3）监测点布置

① 监测点的定位应符合监测要求，监控对象包括基坑边缘外 2 倍基坑深度范围内的建筑物和构件。

② 至少需要两个位移观测点，且不应受到施工的影响。

③ 对于深基坑工程，要对水平和垂直位移进行监测，监测要求如下：开挖深度不超过 7m 的三级基坑，监测点间距要小于 20m；开挖深度超过 7m 的一级、二级基坑，监测点间距不能超过 10m；在每一个典型坡段的监测点至少 3 个。对水平向的位移量、位移速率和方向应进行监测。

（4）监测警报。应根据监测对象的有关规范和支护结构的设计要求确定基坑监测工程的监测报警值。

（5）监测周期

① 在基坑开挖之前，监测项目应测得最少两次的初始值。

② 每次监测的时间间隔可根据施工过程确定。当变形超过相关标准或监测结果变化率较大时，应增加观测次数。当有事故迹象时，应进行持续监测。

③ 在进行施工前，深基坑的水平和垂直位移应进行一次监测，在施工周期内，位移的监测每天需要最少进行一次，当有以下任何一种状况时，应该增加监测次数：当发现基坑的位移变形加快时，或者围护结构的最大位移超过一定值时，对于一级、二级、三级基坑来说，最大位移限值分别为 5mm、8mm 和 10mm。当地面的最大沉降超过一定限值时也应增加监测次数，一级、二级、三级基坑的最大沉降限值分别为 3mm、6mm 和 10mm。

（6）在基坑开挖监测过程中，监测日报、阶段性监测报告应根据设计要求进行提交。在工程结束后，需要提交完整的监测总结报告，报告内容应包括：

① 工程概况；

② 监测项目以及各个测点的平面、立面布置图；

③ 采用仪器设备和监测方法；

④ 监测数据处理方法和监测结果过程曲线；

⑤ 监测结果评价。

2.4.2.3 深基坑作业环境

（1）在基坑内进行悬空作业时，必须要有稳固的立足点，并搭设好防护设施，安全措施一定要得到保证。

（2）在基坑内进行施工，各类作业上下进行垂直交叉作业时，同一垂直方向上不能作业。

（3）基坑内交叉作业

① 悬空作业等各类作业进行垂直交叉时，下部作业的位置应在上部高度可能坠落范围的半径之外，并设置安全防护层。

② 由于上述施工可能会在起重机手柄旋转范围内坠落物体，必须在受影响范围内设置双层防护棚，防止物体坠落。

（4）坑洞内作业

① 钢管桩、钻孔桩和其他桩孔的上开口，杯形和条形基础的上开口，未填充的坑槽、人孔、天窗、地板门等处应根据开口的保护情况设置稳定的盖子。

② 除防护设施和安全标志外，在施工现场通道附近的各类洞口、坑，夜间应设置红灯警示。

③ 坑内作业应设置符合要求且固定牢固的安全梯。工作坑周围或坑底必须设置排水措施，必要时设置通风设施。

④ 牢固可靠的支护措施必须按照方案在坑壁上设置。当有人在坑里工作时，必须有人在上面监督。

⑤ 坑、孔、井等工作场所应设置一般照明、局部照明或混合照明，电源电压应根据工作环境选择。

2.4.2.4 各种突发情况预案及应急技术

（1）地下连续墙变形过大。在土方开挖过程中（尤其是钢筋混凝土支撑施工前），地下连续墙处于悬臂状态，此时应注意其变形监测。当基坑侧向位移发展过快，累积变形值过大时，应采取以下措施。

① 当变形速率达到警报值时，立刻停止对土方的开挖，分析其变形原因，采用相对应的措施进行解决。如果没有发生渗漏，应加强对深基坑的监测；如果发生渗漏，应立刻采取措施使基坑停止渗漏。通过在基坑内填充砂石施加荷载的方法，使地下连续墙变形得到控制；检查地下连续墙结构的轴力、土压力和内力，分析原因并采取相应措施。

② 累计变形值较大时，应立刻停止土方开挖，增强监测。对地下连续墙结构的土压力、内力和轴力进行检查，找出变形原因并进对其解决；若支撑轴力较大，应增设二次支撑，控制基坑的变形发展。

（2）地下连续墙渗漏。由于软土地区的含水率高，若地下连续墙发生渗水，应及时采取应对措施，防止其渗漏，以免导致基坑发生不均匀沉降。

① 渗水量不大时，应随挖随堵，以免渗漏进一步扩大。渗水量比较大但是没有泥沙流出，可以在渗漏处开孔，注浆封堵。

② 对于漏水位置离地面比较近的管涌或流沙，开挖支护墙背面距离漏水位置1m左右，在支护墙后用密实混凝土进行封堵。对于漏水位置埋深较大的管涌或流沙，可以采用高压喷射注浆方法。

（3）基底流沙、管涌。对于轻微的流沙现象，可以在基坑开挖后通过加速垫层浇筑和加厚垫层来阻止流沙的流出。对于严重的基底流沙，应立刻停止开挖，往基坑内进行土方回填，对坑内的降水进行加强，等地下水位下降后再进行开挖。

发生管涌时，应立即回填土方，并利用尾水管排水。首先在发生管涌的位置插入大直径尾水管，使尾水管成为管涌通道；然后用压力灌浆机在尾水管周围注入水泥浆，封闭周围土体；密封尾水管，堵塞管道通道；管道封堵完成后，加强降水，然后进行土方开挖。由于地质勘探孔的深度已超过承压水层，施工时应密切注意某些位置可能出现的局部管涌。

（4）支撑构件变形。由于上部荷载及基坑开挖土体的压力释放，支撑构件可能会发生下沉与上升。地下墙可能也会发生较大的沉降差，原因是支撑构件受到不均匀的应力。如果支撑构件和地下连续墙之间的沉降差值不超过10mm，那么可以采取以下措施来对其进行控制。

① 根据实际施工状况对支撑构件和地下连续墙之间的沉降差值进行计算，对桩上施加的荷载进行调整，使支撑构件和地下连续墙沉降满足设计要求。

② 如果支撑构件上升，可加大支撑构件的轴力，在其底部压实注浆。

③ 相邻柱间的沉降差过大时，采取局部放慢或加速挖土的方式，对部分地方进行注浆和加固，比如在柱与柱间增设支撑增强刚性，共同调整其不均匀变形。

④ 若轴力太大，支撑构件可能无法承担，如支撑柱变形破坏，应立刻停止相应施工，对支撑柱进行加强或者换柱。

参考文献

[1] 费书民，李志勇，徐晖. 浅谈城市地下空间探测与安全利用 [J]. 智慧地球，2020，6（2）：47-48.
[2] 刘艺，朱良成. 上海市城市地下空间发展现状与展望 [J]. 隧道建设（中英文），2020，40（7）：941-952.

［3］龚晓南，候伟生.深基坑工程设计施工手册［M］.北京：中国建筑工业出版社，2018.

［4］陈家冬，薛志荣.基坑工程设计与施工实践［M］.北京：中国建筑工业出版社，2021.

［5］王道翔，刘松，赵振国，等.深基坑工程事故原因的分析与探讨［J］.新型工业化，2021，11（6）：85-86，88.

［6］刘蕾，于献彬，李雪莉，周霞.深基坑工程的研究现状及发展趋势［J］.中国房地产业（下旬），2021（4）：22-26.

［7］成启航.复杂空间形态深基坑支护结构优化方法研究［D］.成都：西南交通大学，2020.

［8］庞炽焕.在不同地质情况下深基坑支护结构的选型与研究［J］.建材与装饰，2018（13）：221-222.

［9］么梦阳.某深基坑桩锚支护的数值模拟及优化设计［J］.建筑结构，2019（201）：786-789.

软土深基坑支护方案评价模型及优选

在实际的软土深基坑工程中，因为不合理的施工方案导致施工质量和安全出现不同程度的问题，此类现象在工程中是很常见的，不仅增加了工程成本，造成了经济损失，而且耗费工程时间。选用科学的方法建立合理的软土深基坑方案评价模型进行方案优选对工程是非常有必要的。本章重点介绍软土深基坑支护方案的选择、评价模型以及优选方法。

3.1 概述

3.1.1 对于软土深基坑支护方案的初步选择

本书的研究对象是软土地区的深基坑支护工程，由于软土地区其本身具有含水率高、孔隙比大的特点，导致其支护结构的选择和基坑受力与一般地层有很大的不同。不同的支护方案都有其特点，决定了其适用范围也是不同的，因此挑选出在软土地区也可以发挥稳定的支护结构是非常有必要的，本部分总结了不同深度下适合的软土深基坑支护方案，便于今后对工程方案的优选。

3.1.2 深度对于软土深基坑支护的影响

深基坑开挖深度的不同，选用的支护方案也有各自对应的适用性，开挖深度越深，对支护方案的要求就越高，安全性和环保性等方面有更多的条件限制。参考大量的软土深基坑方面的书籍，笔者总结出不同类型的支护方案和深度呈现正向相关性，见表 3.1。

不同的基坑支护方案适用于不同深度的基坑工程，通过软土深基坑的文献和相关资料，在表 3.2 中总结了不同基坑深度下适用的基坑支护方案。

当软土深基坑的开挖深度大于 23m 时，桩撑、墙撑是主要的支护方式，少数情况下采用墙锚或桩锚支护，只考虑其承载能力极限状态已经不能满足此类的深基坑，还要综合考虑其变形设计，偏于安全方面的原因，对于超过 23m 的深基坑工程应该采用支撑和锚杆混合的支护方式。

◉ 表 3.1 软土深基坑不同深度适用的支护结构

支护方式	支护名称	止水方法	5~7m 基坑深度		7~9m 基坑深度		9~12m 基坑深度		12~15m 基坑深度		15m 基坑深度	
			场地有所限制	场地不受限制	场地有所限制	场地不受限制	场地有所限制	场地不受限制	场地有所限制	场地不受限制	场地有所限制	场地不受限制
悬臂式支护	H 型钢板桩		可用	可用	—							
	钢板桩		—	适用	适用	可用						
	水泥土重力式挡土墙		适用	可用	适用	—						
	单排灌注桩	桩间止水	适用	适用	可用	可用						
		止水帷幕	适用	适用	适用	适用						
	双排灌注桩	止水帷幕	适用	适用	适用	适用						
	地连墙		适用	适用	适用	适用						
	SMW 工法		适用	适用	适用	适用						
锚杆式支护	H 型钢板桩		适用	可用	可用	可用						
	地下连续墙		—	—	适用	适用	适用	适用	适用	适用		
	钢板桩		适用	适用	适用	适用						
	单排灌注桩	桩间止水	适用	适用	适用	适用	可用	可用				
		止水帷幕	适用	适用	适用	适用	适用	适用	适用	适用		
内支撑式支护	H 型钢板桩		适用	适用	适用	适用	—					
	钢板桩		适用	适用	适用	适用						
	单排灌注桩	桩间止水	适用	适用	适用	适用	适用	适用				
		止水帷幕	适用	适用	适用	适用	适用	适用				
	地连墙		可用	可用	适用	适用	适用	适用	适用	适用	适用	适用
	SMW 工法		适用	适用	适用	适用	适用	适用	适用	适用	适用	适用

◉ 表 3.2 通常情况下不同软土深基坑支护方案

开挖深度 H/m	可以选择的支护方案
$5 \leqslant H < 7$	a 方案：采用灌注桩，设置止水帷幕和一道内支撑
	b 方案：采用钢板桩，设 1~2 道支撑
	c 方案：采用搅拌桩挡土墙
	d 方案：场地不受限制的情况下可以采用 SMW 工法
	e 方案：采用钢板桩并设支撑
$7 \leqslant H < 9$	a 方案：采用单排或者双排灌注桩，设置止水帷幕和 1~2 道支撑
	b 方案：采用钢板桩并设 2~3 道支撑
	c 方案：采用地下连续墙并设置支撑
	d 方案：施工时间不超过 7 个月时可以采用 SMW 工法
	e 方案：采用钢板桩并结合灌注桩止水帷幕，同时设置 3~4 道支撑

开挖深度 H/m	可以选择的支护方案
$9 \leqslant H < 12$	a 方案：采用地下连续墙并设置支撑
	b 方案：采用单排灌注桩，设置止水帷幕，并用锚杆或者内支撑设置 $3\sim4$ 道
	c 方案：采用 SMW 工法
	d 方案：可以用沉井的方案应对特种地下建筑
$12 \leqslant H < 15$	a 方案：采用地下连续墙，并设置锚杆或者内支撑
	b 方案：采用单排灌注桩，用搅拌桩组成的止水帷幕，并采用锚杆和内支撑相组合的支撑方式
	c 方案：采用 SMW 工法，并设置内支撑
$H \geqslant 15$	a 方案：采用地下连续墙并设置内支撑
	b 方案：采用 SMW 工法，并设置内支撑

3.2 评价指标体系

3.2.1 评价指标体系构建方法

3.2.1.1 指标体系建立原则

通过对各个备选支护方案的综合评价，来确定软土深基坑支护方案的优选，建立的评价指标体系一定要是科学合理并且有效的。从软土深基坑各个备选方案中选出确定的支护方案的关键是需要一套正确的评价指标体系，评价指标体系的构建要遵循一定的原则，通过相关文献的分析，笔者认为应该遵循以下原则。

（1）全面性原则。每个项目都具有其不可替换的特性。我们应该把它看作一个系统工程，从全局角度考虑每个项目的实际情况，设计的指标体系应能全面反映项目的客观实际。然而，影响软土深基坑支护方案选择的因素很多，把所有因素都考虑进去，会导致数据处理过于复杂。在构建评价指标体系的过程中，要在系统全面的基础上关注关键因素。

（2）针对性原则。能够正确地认识事物并且可以为下一步的科学决策奠定基础，才是指标体系构建的目的。决策者能够通过指标体系关注到评价对象和评价目的重点内容，指标的概念必须定义准确，这样指标体系才能及时、有重点，才能真正指导决策。因此，软土深基坑工程的实际情况和实际特点应该能够通过指标体系反映出来。

（3）相对独立性原则。对于综合评价指标体系来说，同级指标的重复和重叠将直接影响评价结果的准确性。因此，每个选取的指标都要有明确的内涵，相对独立；在同一层面上，应尽可能减少指标之间的相关性，评价指标体系应清晰、简明、切中要害。

（4）可行性原则。选取的指标应现实可行，易于被评价者接受，满足客观实际水平；指标的含义应该清晰易懂。指标可以直接测量，也可以间接测量。同时，数据收集应该简单易行。所谓的可行性，即指标的数值能否正确获得，那些不能或难以获得准确信息的指标，或者即使能获得但代价很大的指标，都是不可行的。所以对于综合评价指标体系来说，其中的每一个指标都必须首先考虑技术上和经济上的可行性。

（5）整体性原则。很多种因素都会影响软土深基坑支护方案的选择，有些因素可以定量分析，但有些指标通常无法或不太容易能够准确定量计算，要靠人们基于经验和定性分析的主观判断。因此，构建的综合评价指标体系应做到能够定量分析和定性分析相结合，从而保证指标体系能够客观、全面地反映软土深基坑方案的优劣。

（6）层次性原则。软土深基坑工程这项系统工程是很繁复的，其支护方案的影响因素有很多。其方案评价指标体系不会只涉及某一方面，而是好几个方面，每个方面都可以用不同的指标来表征。显然，这些指标有一定的层级和隶属关系。选择不同的评价指标代表不同的评价水平，建立层次分明、条理清晰、逻辑严密的指标体系，便于在实践中推广应用，真正具有实用性。

3.2.1.2 影响软土深基坑支护方案的因素分析

软土深基坑的一个独特性就是其地理位置都不尽相同。决策者应根据各工程的水文地质条件和周边环境条件，选择科学合理的支护方案。要明确影响软土深基坑支护方案的主要因素，要保证支护方案的安全性、经济性和方便性，具体总结如下。

（1）软土深基坑的开挖深度与场地形状。开挖深度、场地的大小和形状对选择软土深基坑的支护方案有很大影响。对于软土深基坑，选择支护方案时要考虑的首要因素是开挖深度。由于作用在支护结构上的土压力会随着开挖深度的增加而发生相应的变化，这将进一步影响软土深基坑支护结构的施工难度和安全可靠性。因此，基坑开挖深度是分析支护结构可靠性的基本因素。此外，场地的形状和大小也是选择支护方案的根据。例如，当选择桩承式支护方案作为支护结构时，场地的形状对支护方案的选择有很大的影响。如果场地形状为环形，应使用成本相对较低的环形支架。如果在狭长的深基坑中应采用斜撑，具有相对较好的经济效益。

（2）工程地质和水文条件。水文地质条件的复杂性对软土深基坑施工的难度影响很大。在选型之前，需要调查场地的地层组成、土层类型、土层厚度和土力学参数，同时需要调查地下水位的标高和地下水的含量。其因素变化繁复，具有很大的不确定性。支护结构的主要功能就是挡土或者挡水，有些支护结构还同时具有挡土和止水的能力，而土的性质和地下水位会在很大程度上影响软土深基坑支护结构的挡土和止水能力。因此，对软土深基坑支护方案的选择，必须考虑工程地质和水文条件。

（3）软土深基坑周边环境条件。软土深基坑的施工应该考虑施工过程对基坑附近结构设施、道路、地下管线以及周边居民生活和环境的影响。在施工过程中，工程现场要与周围建筑物之间留有足够的施工空地，以保证施工工作的正常进行，特别是相邻建筑物也在施工时，应按规范要求做出相应的安排；尽量减少深基坑开挖，尽量做到不影响基坑周边建筑物的沉降和地下管线的位移；施工过程中产生的噪声和粉尘对周围居民的影响应符合法律法规的相关规定。决策者对于支护方案的选择应充分考虑对附近环境的影响。

3.2.1.3 评价指标体系构建

（1）指标体系的初建方法。指标体系刚建立时，要全面、清晰、易操作，同时尽量避免指标间的重复。分析法、德尔菲法、综合法和指标属性分类法等都是建立评价指标体系的初步方法。下面简单介绍这几种方法。

① 分析法（Analysis Method）。分析法是根据评价目的中影响因素的不同，将评价对象分为不同的组（方面），明确各部分的内涵、外延以及和评价目的的联系，然后为各部分选

取一个或几个指标，通过这种方式评价目的的特征就可以反映出来。

② 德尔菲法（Delphi Method）。通过系统的分析在价值判断上进行延伸，这就是德尔菲法的本质。其是一种匿名反馈询问法，它是一个收集专家意见，对要预测的问题进行整理、汇总、统计，然后匿名反馈给专家，再集中再反馈的过程，直到获得更集中、更稳定的意见。使用这种方法成功的关键是选择正确的专家。

③ 综合法（Synthesis Method）。顾名思义，通过对现有的指标体系进行汇总整理就是综合法，它是把综合后的指标的每个同一类部分进行分析，找出代表大部分情况下的关键指标，形成新的指标体系的一种方法。综合法适用于对已有评价指标体系的进一步完善与发展。

④ 指标属性分类法。属性分类是基于指标的不同属性和表现形式。评价指标体系初步建立时，指标体系中的指标是从指标属性的角度构建的。通常，指标从时间上可以分为动态指标和静态指标；按数值分类可以分为绝对指数、相对指数、平均指数三类。初步建立指标体系的方法有多种，在建立指标体系的过程中，应结合具体情况，权衡各种方法的优缺点进行选择，也可以组合采用不同种方法，结合其优点，避免缺点。

（2）指标体系的筛选和优化

① 指标体系的筛选。软土深基坑支护方案初步评价指标体系达到全面性原则要求，但是不可避免的是，列出的因素很多，指标内涵相互重叠，处理起来太过复杂和麻烦，评价结果的准确性受到影响。因此，有必要在初始指标体系的基础上进行筛选。总结指标筛选方法，大致可以分为以下三类。

a. 数理统计类方法。数理统计以概率论为基础，运用统计学方法分析数据，即以统计数据作为指标筛选的依据，成分分析、因子分析、聚类分析、最小均方误差法等是其主要分析方法。就算不用计算机处理，也可以达到快速准确实施的目的，而且更容易操作。它要求待分析的数据具有可靠性和随机性，但这种方法的缺陷是不能处理非定量问题。

b. 主客观相结合的方法。在评价指标体系中，既有可以获得准确定量数据的定量指标，也有模糊不确定的定性指标。采用主客观相结合的方法对评价指标体系进行分析，借助相关专家的丰富经验和判断，模糊不确定的定性指标能够得到有效处理，客观指标数据的真实性也不会缺少。

c. 知识挖掘型的筛选方法。基于知识的筛选方法在整合专家主观评价筛选方法的基础上有了新的进步。它可以深入挖掘评价指标的信息，找出评价指标与评价结论之间的规律性，提取知识，使综合评价智能化。对于各类的相关知识可以有着深入的研究与认知。

② 指标体系的优化。综合评价指标体系构建中的重要一环就是指标体系的结构优化。指标体系结构的优化主要包括层次的深度、每层指标的数量、是否有网状结构等，也可以是定性和定量分析的结合。

a. 指标体系结构的完备性和层次性分析。指标体系结构的完整性分析通常通过定性分析来优化。在这个优化过程中，专业知识起着最重要的作用。因此，设计者检查综合评价目标的分解是否有遗漏，是否有目标交叉造成的结构混乱是非常重要的。对其归纳合并，把重合的子目标组合成一个子目标，或者把重叠的部分从中分离出来。指标体系结构要明确，同级指标之间要相互独立并充分反映上级指标，要明确上下级指标之间的隶属关系。

b. 对指标体系层次的"深度"和"出度"进行综合分析。综合评价体系的层次数就是体系的层次深度，上级指标所控制的下级指标的数量是出度。"渗透"是指下层被直接上层所控制的数量。深度的合理区间为3~6层，如果评价对象较为复杂，可以增加层数，但不是越多越好。若一级指标体系的深度和出度不合理，可以采用合并或者拆分的形式对其优化。"出度"的最大层次为9层，4~6层是其最理想的层次。

c.指标体系结构的聚合分析。通常情况下，为了各个子指标能够科学合理地聚合在一起，都是采用功能聚合和相关性聚合的办法。功能聚合以评价对象和评价目标为基础，把评价同一属性或同一目标的指标划分为一类，使其属于同一上级指标，所有指标体系都必须进行相应的聚合。相关性聚集是指对最底层的指标进行相关性聚类，将相关度或相似度较高的评价指标聚集到一个模块中，将相似度较小的指标放入其他类别中。在优化初始评价指标体系结构时，应以功能聚合为主要方法，必要时以关联聚合进行补充。因为主成分分析和因子分析等都涉及相关系数矩阵，如果不进行相关聚合，综合评价结果很可能不合理。

（3）指标体系综合确定。最终评价指标体系的确定是通过合适的指标体系的初建、筛选和优化之后综合确定的，这些体系的确定都要求设计者以工程实际和现有的数据特点为基础，才能保证下一步工作的正常进行。

3.2.2　评价指标权重确定方法

软土深基坑支护工程方案的评价指标有多种方法，指标体系中存在着定量的评价指标和不确定的定性评价指标，如果仅仅局限单一的主观或客观赋权法，是比较片面的。

3.2.2.1　信息熵客观赋权法

熵的概念来自热力学，用于描述运动过程中的不可逆现象。后来信息论中引用了熵，即信息熵，系统的不确定性和紊乱程度用其来表示。信息熵可以反映指标能够提供信息量的程度。指标的权重和在评价中所起的作用越大，信息熵值越小；反之越大，即两者成反比的关系。这种方法按下面的步骤进行。

（1）求规范化矩阵 $\boldsymbol{B}$。

$$\boldsymbol{B} = (b_{ij})_{m \times n}$$

$$b_{ij} = \frac{D_{ij}}{\sum\limits_{j=1}^{n} D_{ij}}$$

$$D_{ij} = \frac{X_{ij} - \min(X_{ij})}{\max(X_{ij}) - \min(X_{ij})}$$

式中　b_{ij} ——标度；

　　　m ——待评项目数；

　　　n ——评价指标数；

　　　D_{ij} ——在 j 方案中支护指标为 i 的无维量处理值；

　　　X_{ij} ——在 j 方案中支护指标 i 的评价值；

$\max(X_{ij})$ ——指标 i 在全部可选择的支护方案中的最大值；

$\min(X_{ij})$ ——投资者希望的第 i 个评价指标的最佳值。

标度值及含义见表3.3。

⊡ 表 3.3　标度值及含义

标度 b_{ij}	含　义
1	i 元素与 j 元素重要性同样
3	i 元素比 j 元素重要性略大
5	i 元素比 j 元素的重要性较大
7	i 元素比 j 元素的重要性大很多
9	i 元素比 j 元素绝对重要
2，4，6，8	i 元素比 j 元素的重要性是两个等级之间的
1/9，1/8，1/7，…，1/2，1	j 元素相较于 i 元素的重要性是 b_{ij} 的倒数

（2）计算指标值比重 P_{ij}。

$$P_{ij} = \frac{b_{ij}}{\sum\limits_{j=1}^{n} b_{ij}}$$

$$e_{ij} = -\frac{1}{\ln n} \sum\limits_{i=1}^{n} P_{ij} \ln P_{ij} \text{（当 } P_{ij} = 0 \text{ 时，} P_{ij} \ln P_{ij} \text{ 规定为 0）}$$

$$g_{ij} = 1 - e_{ij}$$

$$W_j = \frac{g_{ij}}{\sum\limits_{i=1}^{m} g_{ij}}$$

式中　W_j ——指标的权重值；

　　　e_{ij} ——评价指标的熵值。

3.2.2.2　OWA 算子主观赋权法

还有一种算法是 OWA 算子主观赋权法，这种方法可以对信息进行多属性决策的集结，有效合并多种不确定的信息。这种方法得到的结果是更加合理的，因为此方法的特点就是降低主观因素对权重的影响。这种方法按下面的步骤进行。

（1）递减排列决策数据。$(a_1，a_2，…，a_n)$ 转化为 $(b_1，b_2，…，b_n)$，且 $b_1 \geqslant b_2 \geqslant …$ $\geqslant b_j … \geqslant b_n$，$a$ 代表评价指标因素，b 代表评价等级。

（2）求主观权重向量 ∂_j。

$$\partial_j = \frac{C_{n-1}^{j-1}}{\sum\limits_{k=0}^{n=1} C_{n-1}^k} = \frac{C_{n-1}^{j-1}}{2^{n-1}}$$

（3）求绝对权重 w_j。

$$w_i = \sum\limits_{i=1}^{n} \partial_j b_j \qquad \partial \in (0，1) \qquad j \in (1，n)$$

$$w_j = \frac{w_i}{\sum\limits_{i=1}^{m} w_j}$$

模型权重向量 $\boldsymbol{\beta}_i = (w_1，w_2，…，w_j)$，$i = 1，2，…，m$。

第 3 章　软土深基坑支护方案评价模型及优选 —— **029**

3.2.2.3　博弈论集结理论

在前两种方法的基础上，博弈论集结理论能够更好地计算权重，因为博弈论集结理论不仅可以忽略决策者的偏好，还可以反映客观数据对决策的贡献，实现各基本权重之间的平衡，使组合权重与基本权重之间的偏差达到最小。

（1）求权重向量 w_k

$$w_k = (w_{k1}, w_{k2}, \cdots, w_{kn}), \quad k = 1, 2, \cdots, m。$$

$$W = \sum_{k=1}^{m} \alpha_k w_k^t$$

式中　W——权重向量集；

　　　k——线性组合系数。

（2）求极小综化指标和权重之间的离差。

$$\min \left\| \sum_{k=1}^{m} \alpha_k w_k^t - w_i^t \right\| \quad i = 1, 2, \cdots, m$$

$$\sum_{j=1}^{m} \alpha_j w_j w_k^t = w_i w_i^t \quad i = 1, 2, \cdots, m$$

（3）求综合权重 W'。

$$\alpha' = \frac{\alpha_k}{\sum\limits_{k=1}^{m} \alpha_k}$$

$$W' = \sum_{k=1}^{m} \alpha_k' w_k^t \quad k = 1, 2, \cdots, m$$

由最底层逐级向上分析完善中间层作为过渡，直到达到最高层，即总目标，核心是要找到如何合理划分层次。

3.2.3　软土深基坑支护方案评价模型

3.2.3.1　格序决策方法

格理论中说明，偏序结构是没有缺陷的，可以不连通，每对元素可以不做对比，只需要偏序集中的元素有界。决策人员喜欢的方案可以表达出来，也可以适应独立性和弱连续性不满足的状况。该理论在很多领域都有广泛的应用。

3.2.3.2　格序决策模型构建

应用格序决策理论对深基坑支护方案进行评价的实施步骤如下。

（1）求规范化决策矩阵 $\boldsymbol{B}$。

$$\boldsymbol{B} = (b_{ij})_{m \times n}$$

（2）构建加权决策矩阵 $\boldsymbol{A}$。这里是 OWA 算子主观赋权法和博弈论集结理论的综合应用。

$$\boldsymbol{A} = (a_{ij})_{m \times n}$$

（3）求正加权理想解 M^+ 和负加权理想解 M^-。

$$M^+ = (M_1^+, M_2^+, M_n^+)$$

$$M^- = (M_1^-, M_2^-, M_n^-)$$

以 M^+ 和 M^- 为上边界和下边界，运用 Matlab 计算两者之间的加权距离。

（4）计算相对贴进度。

$$V_i = \frac{d(A_i, M^-)}{d(A_i, M^-) + d(A_i, M^+)}$$

式中　i——方案个数，$i=n$ 时，表示方案 n。

层次结构图如图 3.1 所示。

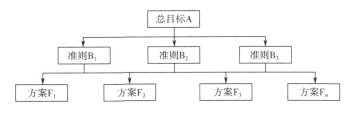

图 3.1　评价指标层次结构图

3.3　基于价值工程理论的软土深基坑支护方案优选

价值工程（Value Engineering，VE）的概念最初来自美国，提出这个概念的目的是为了能够提高产品的质量，同时还可以节约成本，质量和成本是其对商品分析评价的两条路线。当有产品或工程需要改进时，就会涉及价值工程理论，把相关的领域进行联系从而分析其各类功能和成本，以求在成本最经济的情况下实现决策者所需要的各类要求，在功能和经济成本之间找到一个最佳的平衡点，达到最合理的效果。

3.3.1　价值工程理论

3.3.1.1　价值工程的起源和发展

1947 年，美国一家电气公司的工程师 L. D. Miles 提出了价值工程理论。Miles 认为，人们花钱购买某件产品不是因为这个产品自身，而是因为这个产品具有某种功能属性，可以满足人们的某种需求。但是产品本身是由不同种材料组成的，可以改变其中某种或者几种材料仍然能得到这种产品并且满足其功能要求。改变材料后，生产该种产品的价值可以降低，使其成本得到节约，这就是价值工程。还是在 1947 年，Miles 的《价值分析》一书出版，就标志着价值工程理论开始了正式的发展。

美国海军部于 1954 年决定推行价值分析，开始使用此方法进行新产品的制作和设计，并将其改名为价值工程，此后，价值分析就成为如今的价值工程。由于建筑行业是一个花费时间长、成本高的领域，于是渐渐地引入了价值工程理论。使用价值工程理论对建筑行业的品质和成本进行分析，优选建筑结构的设计方案，可以使项目的价值得到提高，降低成本的同时保证品质不受到损失。1996 年，价值工程理论在美国得到了法律的认同，其成为建筑和施工合同中的一个新条款，从此美国建筑业对价值工程理论的应用越来越广泛。

1965 年，价值工程协会被创立出来。在不长的时间里，价值工程理论就在日本发展良好，同时也在建筑领域得到了特别的发展。不同于美国用法律将其合法化普及，价值工程理论是先在日本的企业中开始发展的，日本企业要求决策者必须具有价值工程理论的认识，将其与工程应用相结合，于是价值工程在日本的发展前景越来越好。1995年，价值工程理论正式得到了日本的认可。

英国从自身的实际发展出发对价值工程理论进行了改进，并提出价值管理（Value Management，VM），英国价值工程学会于1996年成立。该价值管理理论与价值工程本质并无区别，不同之处只是价值管理对其内容和思想进行了全面的扩展。在时间方面，对项目的决策和设计以及后期的运营都进行了改进；在内容方面，不仅对经济和技能进行了研究，还对项目功能各方面进行了研究。由于英国的改进，价值工程理论得到了更为良好的发展。

价值工程理论于1979年进入我国，经过几十年的发展演变，已经在机械、化工和电气等领域有了较好的进展，但对于建筑业来说，没有从根本上应用价值工程理论。这是因为我国的建筑业缺少统一的标准规范，各个地方的标准不同，自然不能得到长久有效的发展。虽然国家颁布过相关标准，但是由于起步较晚，国内企业对其缺乏认识，加上人才不足等原因，价值工程理论在我国的应用并不普及。

3.3.1.2　价值工程原理

价值工程的关键就是对项目功能进行分析与评价，其极具组织性和创造性。根本目的就是用最低的成本来创造成功的产品或项目。功能、寿命周期成本、价值是其基本三要素，分别用 F、C、V 来表示，其中价值是指功能和寿命周期成本的比值，即

$$V = \frac{F}{C}$$

式中　V——价值，一个产品或项目其本身所应该具有的功能与获得此功能消耗的成本的比值；

F——功能，通俗意义上为产品的使用价值，即其产品本身存在的意义；

C——成本，为了实现产品或项目所消耗的所有成本之和，包括其生产和使用的成本。

3.3.1.3　价值工程活动的基本流程

价值工程的流程，就是决策者做出的针对该项目或产品所需要的整个过程，如图3.2所示。

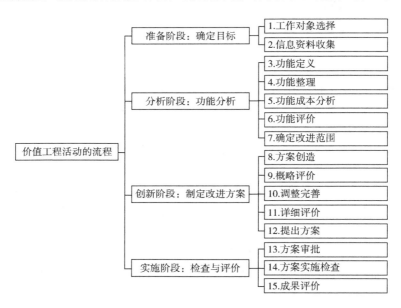

图3.2　价值工程活动的流程

3.3.2　基于价值工程理论的软土深基坑支护方案

通过价值工程理论，对软土深基坑工程进行方案优选，以求找到满足深基坑支护要求的方案，并使成本达到最低，最终得到最优解，即最合理的深基坑支护方案。

3.3.2.1　深基坑支护的功能定义

通常情况下，基坑支护体系构成就是挡土和止降水两大体系，主要受到土应力和水应力的作用，综合分析和考虑技术功能、安全功能、施工可行性和施工成本四个功能方面，得到软土深基坑支护工程对功能主要有以下 8 个要求：

（1）对主体地下结构工程的安全和正常施工不造成影响；

（2）主体地下结构的施工要有足够的场地；

（3）对基坑周围结构设施的安全和正常使用不造成影响；

（4）对基坑周围地下结构的安全和正常使用不造成影响；

（5）对周围道路的安全和正常使用不造成影响；

（6）地下结构工程施工工期得到满足；

（7）地下水位的标高不对工程造成影响；

（8）选择的支护方案在满足功能的要求下是最节约成本的。

3.3.2.2　软土深基坑支护的功能分析

价值工程理论的关键就是对项目进行功能分析，得到软土深基坑支护的功能指标体系。对于深基坑支护来说，安全使用是最主要也是最重要的功能，在此基础上，减少不必要的功能，补充必要功能，实现成本的最优化。下面对下列影响支护方案的功能指标因素进行分析。

（1）支护体系强度水平。此指标对支护方案的影响很大，因为安全永远是第一位的，支护体系的强度得到保证才能保证基坑施工的安全和稳定，保证周围建筑物的安全。

（2）支护体系的刚度水平。该指标是非常重要的指标之一。软土的流变性高，软土深基坑易发生变形，支护体系的抗变形能力非常重要，要对基坑变形进行严格控制，保证施工安全和不影响周围结构设施的正常工作。

（3）支护结构的破坏及结果。提前了解对各个替代方案的支护结构是如何破坏的并会造成怎样的后果，制定相应措施，减少经济损失。

（4）地质条件及搜集数据的真实性。工程地质条件对基坑安全性和稳定性的影响是很大的，土体的强度、抗渗透性等对基坑支护的设计起到决定性的作用，因此土体开挖前对地质资料的准确收集也是一个重要指标。

（5）坑底抗隆起稳定性。由于软土具有抗变形能力差的特性，其极容易发生失稳和变形。在施工过程中，基坑底部刚度不满足要求，容易导致底部土体隆起，引起周边建筑物沉降或者使支护结构产生位移。

（6）发展越来越好的基坑支护技术。许多基坑支护方案不能满足时代的发展要求，已经很少使用甚至被淘汰。现如今，有更加科学合理的支护方案，如预应力桩墙（PPW）等支护技术已经在普及应用。

（7）参考当地工程经验。在设计深基坑工程时，参考和学习当地或类似支护工程的工程经验，可以避免很多错误，提出更加科学合理的支护方案。

（8）地下水位的标高。在进行深基坑施工时，会影响地下水位的标高，造成地下水的外溢甚至流入基坑内，严重时会发生管涌或者流沙。因此，对基坑进行降排水是必要措施，相应的降排水方案也应是功能指标之一。

（9）满足施工工期要求。施工工期越长，耗费的人力、物力资源越多。深基坑支护工程是整个项目的起步工作，为接下来的工程节省时间，在相应的时间内完成工程任务也是一个重要的功能指标。

（10）施工质量控制。质量是一个工程的根本所在，施工质量得到控制，深基坑的支护在一定程度上是一定有保证的，合理安全的支护结构，也会减少后期维修的费用。因此，施工质量的保证也是功能指标之一。

（11）完善的施工组织方案。合理完善的施工组织方案，可以保证施工顺序的严谨性，不抢工期，保证工程质量，满足"四节一环保"的要求。

（12）工程对周边建筑物的影响。深基坑的施工是一个复杂的过程，其对周边结构设施都会有大大小小的影响，会涉及相邻的地下空间管线，会影响周边建筑物的沉降等，因此对周围建筑物的影响也是需要考虑的功能指标之一。

（13）施工过程中各工种作业间的影响。深基施工具有复杂性，可能其中有多项不同的施工作业需要同时进行或者各工种作业交接是很繁杂的，做好各工序之间的交接，保证施工的顺利进行，是很有必要的。

（14）可能产生的次生灾害。对每种基坑支护方案的破坏情况进行考虑，分析一旦发生意外造成的后果可能是怎样的，人员伤亡和经济损失可能是怎样的。

（15）施工对周围环境的影响。在深基坑的施工中，不同的支护方案会对周围环境造成不同的影响，有些支护方案可能会制造很大的噪声，影响周围居民正常的生产生活，有些支护方案可能会产生大量的废水，污染附近的水质，这些情况都应被考虑。因此，控制施工对周围环境的影响也是功能指标之一。

（16）工程直接费用。深基坑工程的直接费用有机械费、人工费和材料费等。通过完善施工组织计划，在工期内完成施工，监督工人认真安全工作，正确合理利用施工机械等方式，降低直接费用，节约成本。

（17）施工间接费用。施工间接费用主要是工程管理成本等。应选用有能力的工程管理人员，科学把控施工进度，顺利完成施工项目。

（18）施工资质水平。选择资质良好和经验丰富的施工单位，正确合理地把控施工要求，避免造成施工风险。

3.3.2.3　基于价值工程理论深基坑支护工程的特点

（1）深基坑支护工程的寿命周期成本。在价值工程理论中，寿命周期成本（C）的定义是为了实现产品或项目所消耗的所有成本之和，包括其生产和使用的成本。尽最大可能降低产品或项目的寿命周期成本就是价值工程的目的。对深基坑工程来说，其设计时耗费的成本基本没有，主要是其使用阶段，即施工时作为临时支护结构阶段的成本。深基坑支护结构的寿命周期就是从施工单位开始进行深基坑施工直到基坑工程结束的这段时间，但是地下连续墙的寿命周期要一直伴随着建筑物的使用，因为地下连续墙是永久的支护结构。

如图 3.3 所示，在一个具体的区段中，基坑施工过程中的成本，基坑在施工过程中的成本，以及使用和维护的成本是一个涨落的关系。施工建造成本 C_1 随着基坑支护水平 F 的提高而不断增加，而 C_2 在使用和维护工程中会不断降低。随着基坑功能水平的逐步提高，基坑的生命周期成本 C（$C=C_1+C_2$）将呈现马鞍形变化趋势。C_{min}（寿命周期成本最小值）是 C_1 和 C_2 的交点，对应 F_0 是最低成本的基坑功能。

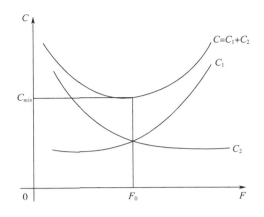

图3.3 基坑支护功能与成本关系

F—基坑支护水平；C—基坑施工成本

（2）基于价值工程的深基坑支护的关键内容。价值工程对深基坑支护的核心是对基坑功能进行分析，区分出必要的功能和不需要的功能。归纳明晰各功能之间的联系，去掉不需要的功能，补充必要功能，在保证深基坑支护安全合理的基础上，降低成本。

（3）基于价值工程的深基坑支护方案优选的步骤

① 根据施工规模、开挖深度、水文地质条件、工程地质条件、现场周围环境条件、施工期等特点收集数据并提出替代方案。

② 分析基坑支护的功能，通过找到的各功能间的相关性绘制出功能系统图，并计算各功能的权重占比。

③ 对备选方案的功能、成本、价值三大指数进行计算。

④ 根据价值指数越大越好的原则，从备选方案中选择最佳方案。

基于价值工程的深基坑支护方案优选的流程如图3.4所示。

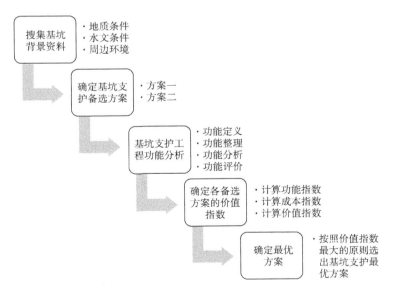

图3.4 基于价值工程的深基坑支护方案优选的流程

3.3.2.4 软土深基坑支护工程的功能整理

根据功能种类和作用明确深基坑工程的功能系统，对其进行功能整理，去掉不需要的功能，完善必要功能，以功能之间的联系和功能定义为基础，编制出功能系统图。

将深基坑功能分为 8 类，分别为基坑支护结构安全性、止降水效果、支护结构的稳定性、施工技术的可靠性、施工困难度、施工场地、环境保护和工程费用。基坑支护结构功能见表 3.4。

⊡ 表 3.4 基坑支护结构功能

	准则层	具体功能
A 指标层	B1 经济要求	b1 工程施工成本
		b2 额外的经济损失
	B2 施工要求	b3 施工工期
		b4 施工难易程度
		b5 施工场地
		b6 环境保护
	B3 技术功能	b7 施工技术水平
		b8 降排水效果
	B4 安全功能	b9 基坑支护结构安全性
		b10 基坑支护体系稳定性

3.4 基于风险评估的软土深基坑支护方案优选

3.4.1 风险管理理论

3.4.1.1 风险管理概念

风险管理的概念是十分复杂的，在不同的情况下，对其定义都有所不同。

COSO 委员会（全美反舞弊性财务报告委员会发起组织）认为风险管理是指一个企业的领导和员工构成一个整体，运用战略指导思想，识别企业潜在的风险，使企业可以更好地发展。也可以说企业作为整体结构能够认识到企业潜在或面临的风险，这种风险可能会影响企业前行的步伐，而管理者能够管理这种风险，或者使其改变，不阻碍企业的发展。这种风险管理的定义被大多数企业所认可。

3.4.1.2 风险管理的内容

识别、鉴定企业经营过程中可能出现的各类风险并采用正确的方法进行预防，以保证企业的发展不受到影响，避免利益遭受损失，这就是风险管理的内容。

风险管理主要包括建立风险意识，辨别风险，对风险进行评估和制定措施对风险进行防范，以及发生风险后对其进行处理和控制，这是一个管理逻辑缜密且连续的过程。

3.4.1.3 风险识别

在还没有发生风险之前，管理人员需要用各种方法识别风险的到来和对风险进行评估，主要有下列三种方法。

（1）风险问卷法。顾名思义，就是用问卷调查的方法，通过问卷调查一个企业中的所有员工，让他们写出自己认为的企业潜在或面临的风险。通常情况下，员工都在各自的岗位上对于项目中的各环节都有自己的认识与理解，通过这种方式，可以提供很多有意义的资料给管理人员，从而使管理者能够更好地识别和鉴定风险，达到避免风险的目的。

（2）财务报表法。财务报表法是大部分企业中最常用的一种方法，同时也是最有效果的方法。此类方法以企业的财务资料为基础，分析企业项目中潜在的风险。企业的根源就是经济的收益效果，所以根据对企业财务报表等资料的分析就可以看出这个企业的经营状况，从而辨别企业的风险状况。

（3）环境分析法。通常情况下，对企业的内部和外部的环境条件进行分析，判断是否对项目产生不好的效果和影响，从而发现风险因素。企业的内部和外部条件之间或多或少都会有一定的联系，对这些联系进行重点分析，考察它们之间的稳定性，以及这些联系可能产生的后果，从而发现潜在的风险，避免经济损失。

3.4.1.4 风险等级划分

就是因为各种不确定、不稳定的因素，所以才称为风险，构成风险的各类因素不同，对应的风险等级也不一样。风险主要有三类，分别是环境风险、过程风险和目标风险。

环境风险是其中最常见也是等级最低的风险。环境对于项目的影响在其决策时就已经做出了分析，主要是外部环境对项目的影响。

比环境风险复杂一些的是过程风险，从名称上就能看出，它是指项目从开始到结束整个过程中都可能会遇到的风险。过程风险分为管理风险和技术风险两种，都应被考虑进企业项目中。

等级最高的风险就是目标风险，其直接关系到项目能否成功完成。其分为进度风险、费用风险和质量风险三类，对项目的影响都很大，是十分重要的因素。

3.4.1.5 风险应对及控制

在项目中要清醒地认识到风险的存在是无时无刻的，根据事情发展的情况，可以将风险分为事前风险、事中风险和事后风险。要在整个项目的进展中时刻预防风险的到来，从不同的角度认识风险。

意识到潜在风险时，要提前准备好应对风险的策略，一旦发生风险，造成影响，要及时对其弥补，把损失降到最低。

3.4.2 故障树分析法

3.4.2.1 故障树分析法的概述

1962年，美国贝尔电报公司开发了故障树分析法，其逻辑严谨，简明清晰，表达清楚，不仅可以定量分析，还可以定性分析，可以完美地表达各种潜在风险和风险来源。这种分析方法成为系统工程中的一种重要手段。

一般来说，故障树类似倒置的树状图形，是用来表达因果关系的。通常，故障树用于绘制出各种可能的事故原因，即识别许多潜在风险，挽救后果，并采取措施管理任何风险。其特点是应用范围广，可视化效果强。这个方法还会考虑环境条件、人为错误和其他因素的影响。不仅要分析施工中的技术故障，还会分析花费的时间和成本。对导致事故的各种原因及逻辑关系能做出全面、简洁、形象地描述，从而使有关人员了解和掌握安全控制的要点和措施。

3.4.2.2 故障树分析步骤

（1）明确所要分析的系统。在对项目进行分析之前，对系统处理性能、工作程序的运行状况和各种参数等都要有所了解。在必要时也应具备流程图和现场布置图。尽量全面地调查风险事故，不仅要掌握本项目的情况，对国内和国外的行业内事故也要有所了解。

（2）确定研究的顶事件。通常情况下，采用故障树的方法，选择一个或者几个容易发生并且可能造成一定损失的风险事件作为顶事件，对其进行分析，来避免重大事故的发生。

（3）调查风险发生的具体原因。在确定了顶上事件之后，就要开始分析其发生的各种可能原因，找出所有可能的原因并采取相应的措施。这些风险可能是设计时的问题，也可能是施工过程中的问题或者是管理漏洞等。通过故障树的方法把种种原因表达出来，简明清晰。

（4）剔除不需要考虑的因素。风险发生的原因有很多，有些因素使风险发生的概率很小，比如自然灾害等人为不可控制的原因，不需要对其进行考虑，所以去除掉此类原因，减少工作量。

（5）研究深度要明确分析。对风险发生的原因进行分析时，要明确分析到哪一步，做怎样的预防措施，适当且合理。

（6）初步编制故障树。以顶事件为原点，一层一层地向下找直接原因事件，直到完整地分析完所有基本事件。采用合适的方法把每一层的逻辑关系串联起来，上层输入，下层输出，各层之间是充分必要的逻辑关系，下一层事件是上一层事件发生的充分条件，而上一层事件是下一层事件的肯定结果，故障树图形就是这样得到的。编制好初步的故障树图形后，将不需要的"树枝"去掉，使图形更加清晰明了。故障树分析的一般步骤如图 3.5 所示。

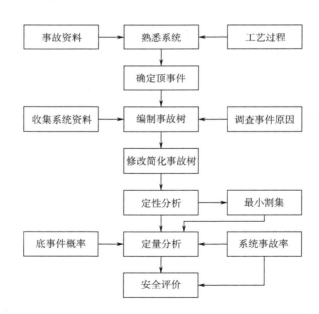

图 3.5 故障树分析的一般步骤

（7）故障树的定量分析和定性分析。先画好故障树，再对其进行简化就是定性分析，定性分析可以让人们更简洁地看出事件的规律和影响因素。对故障树进行深入的探究就是定量分析。

3.4.2.3　故障树定性与定量分析

（1）定性分析。定性分析是为了找到各类事故发生的特性，并为事故发生制定预防方案，是故障树的核心内容。只有清楚导致事件发生的各种因素之后，才能准确地制定措施来防止事故发生。现如今，人们对故障树的定性分析是比较成熟的，在实际项目中，只需要做到定性分析即可，因为影响事件的各个因素是没有准确概率的。

（2）定量分析。对故障树进行更深入的研究就是定量分析，明确每一个基本事件和顶事件的概率，计算概率重要度和临界重要度是其主要内容。以关键重要度为基础，从大到小排列出事件的影响度，下一层的事件重要度越大，表明其对上层事件的影响越大，对影响因子大的事件要特别关注，想要顶事件安全，必须重点关注关键重要度大的底事件。

3.4.2.4　故障树的常用符号和含义

故障树的常用符号如图 3.6 所示。

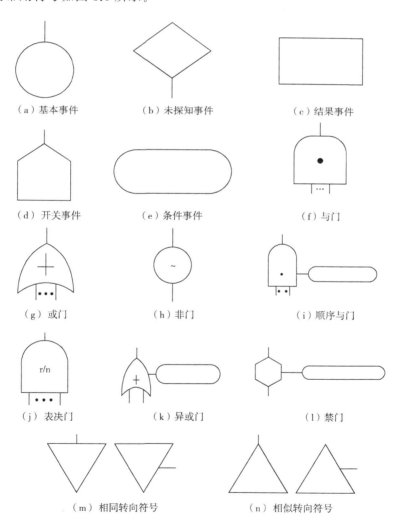

图 3.6　故障树的常用符号

故障树常用符号的含义如下。

（1）基本事件：不需要查明其为什么会发生的底事件。

（2）未探知事件：在原则上需要知道其为什么会发生但是暂时不需要的事件。

（3）结果事件：由于其余事件或者多个事件的组合作用而发生的事件。

（4）开关事件：在正常情况下，一定会发生或者一定不会发生的特殊事件。

（5）条件事件：有具体限制的特殊条件的事件。

（6）与门：只有所有输入事件发生后，输出事件才会发生。

（7）或门：当有一个或一个以上的输入事件发生后，输出事件就会发生。

（8）非门：输入事件和输出事件之间为对立关系。

（9）顺序与门：只有输入事件按照一定的顺序发生，输入事件才会发生。

（10）表决门：在输入事件中，输入事件的发生数量超过某个值时，输出事件才会发生。

（11）异或门：只有一个输入事件发生，才会使输出事件发生。

（12）禁门：只有条件事件发生后，才能导致输出事件发生。

（13）相同转向符号：用来指明子树的位置。

（14）相似转向符号：用来指明似子树的位置。

3.4.3 基于风险分析的软土深基坑支护方案

3.4.3.1 故障树法定性分析软土深基坑支护工程

查阅资料和文献，搜集三种常用的深基坑支护方案（SMW 工法桩支护结构、地下连续墙支护结构和钻孔灌注桩支护结构）的事故图。以事故树编制原则和基坑工程事故原因为基础，有可能造成风险的基本事件有支护系统的支撑结构和圈梁围檩等，从这些方面进行考虑，建立了三种深基坑工程支护结构的事故树。

3.4.3.2 软土深基坑事故发生的关键因素的影响与分析

在深基坑支护结构的事故树上，找到使坑支护发生风险的各基本事件，对其进行整理分析，大致可将风险基本事件分为四类：设计风险、环境风险、管理风险和施工风险。

（1）设计风险。对于深基坑支护方案的确定，主要考虑水文和工程地质条件、基坑深度、场地形状以及周边环境等因素，基坑支护是非常复杂的一项工程，需要专门人员对选择的基坑支护方案进行论证。基坑支护发生事故的原因主要有两点：其一，没有根据工程实际情况选择合理的基坑支护方案，只是根据其他工程经验进行搬用，也没有经过专家组论证其可行性，导致发生基坑事故；其二，基坑支护设计计算时出现错误，比如某一个参数的选取不合理或者计算方法的选择不正确，导致基坑的强度或刚度不满足要求，此类错误是由于计算人员的失误造成的，完全可以避免。失事原因频数分布图如图 3.7 所示。

（2）施工风险。深基坑发生事故的另一个重要原因是在施工过程中导致的，比如钢板的锚固支撑长度不足、材料的强度不达标、钢筋笼变形等。在边亦海（2006 年）的博士论文《基于风险分析的软土地区深基坑支护方案的选择》中，收集的 342 例基坑事故中高达 270 例是由于施工失误导致的，占比达 50.94%。

（3）环境风险。深基坑施工会产生噪声、粉尘和泥浆等污染，对周围的环境造成影响，在冬季施工时，由于室外温度低，对环境的污染尤为严重。深基坑施工还可能会引起周边建筑物的沉降和地下空间管线的变形，地下水的标高可能也会改变，严重的会引起管涌或者流沙。所以在进行深基坑施工时，要遵守相应的规章规程，严格控制变形，把对周围环境的影

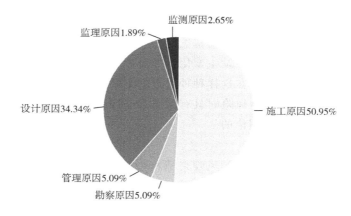

图 3.7 失事原因频数分布图

响降到最低。

（4）管理风险。从事故树中可知，由于深基坑工程施工和建设单位管理不到位，也是造成基坑事故发生的一个原因。比如建设单位没有落实对施工单位的监察与管控，或者设计方案的修改没有及时通知，导致已经进场施工等，在土方工程进行招标时，为了节省投资，招标资质不符、技术低下的施工队伍。另一个原因就是无论施工方还是建设方，其管理人员对于风险意识的认识不足，可能风险已经潜在却没有及时发现，最终导致事故发生。事故树编制软土深基坑支护工程流程见图 3.8。

3.4.3.3 构建风险评价指标体系的方法

为了使突变理论的构建更加方便，需要对事故树中经过分析得到的初始因素进行约化删减，因为这些因素之间存在着一些共同的关

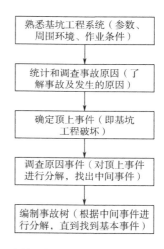

图 3.8 事故树编制软土深基坑支护工程流程

系，一些因素的改变会对其他因素造成影响，使指标间的重复性加大，增加没有必要的考虑。约减因素的过程采用粗糙集理论。

（1）邀请专业学者对初始因素进行打分，根据因素对事件的影响大小进行打分，影响最大的因素为 3 分，影响最小的因素为 1 分。

（2）对于一个给定的知识库 $K=(U，T)$，T 为一个等价关系，且存在 $r \in T$，如果 P 包含于 T 且 P 为非空集合，则 $\bigcap P$ 也为一等价关系，记为 $\mathrm{ind}(P)$，也为 P 的不可分辨关系。若 $\mathrm{ind}(T)=\mathrm{ind}(T-\{r\})$，那么 r 在 T 中可以被省略，否则不可省略。

3.4.4 突变理论对于软土深基坑支护的风险评价

3.4.4.1 突变理论在深基坑风险应用中的适应性

突变就是事物发展的进程中发生的间断或者大跳跃，而突变理论就是研究这种突变和事

物之间的关系，通过分析突变时系统临界状态的特点，来进行研究。其本质就是研究输入和输出的关系，只不过这里的输出是指系统的状态变化，输入就是内部条件。

深基坑支护的风险符合突变的特性，基坑支护风险的系统是非常复杂的，构成其因素有很多种。深基坑被破坏时系统状态在发生变化，如流沙、管涌、变形失稳和基坑隆起等，控制变量就是基坑周围的环境条件，在这样种种因素的不断影响下，在某个时间里会因为某个事件的触发而发生突变。基坑发生风险时具有动态和非连续性的特点，在一定程度上，深基坑支护风险评价是比较符合突变理论的。

3.4.4.2 突变风险评价模型

风险评价体系是依据事故树统计的风险来源和对关键因素进行分析而得到的，在此基础上结合突变理论从而构造出风险评价模型。具体实施顺序如下。

（1）以评价项目的性质为基础，对项目风险因素进行拆分，构建指标体系，将那些可能产生比较大的影响的风险因素放在靠前位置。

（2）通过赋值的方法对影响因素进行打分。邀请专家学者对这些影响因素进行打分，分值为从1～9的整数值，1表示风险因素影响最大，9表示风险因素影响最小。由于突变理论中归一化公式变量的原始数据取值范围和量纲不太相同，可能导致无法比较数据，所以运用标准化的方法对原始数据进行改变。

（3）突变模型归一化公式要依据下层指标的数量进行选择。对于下层指标数量为2个、3个和4个的，进行归一化处理时，对应的突变模型为尖点型、燕尾型和蝴蝶型。

（4）运用归一化公式对风险的评价进行计算，得出的结果就是评价指标的总属度值。以初始模糊隶属函数值为基础，通过归一化计算公式，得出控制变量的中间值，该值运用在突变理论中时必须遵循"互补"和"非互补"的原则。

① "互补"原则。当风险指标之间有显著的关系时，归一化计算公式所有的取值，在基坑计算中都应为控制变量对应的突变级数的均值。

② "非互补"原则。当风险指标之间没有显著的关系时，依据"大中取小"的原则，系统的取值应为控制变量突变级数中的最小值。

（5）重复（1）～（4）的步骤，计算出各个方案的总突变隶属函数值，方案的风险评价就是依据此函数值的大小进行评判的，李永壮在《基于交叉影响法的工程项目风险等级评定》中，将风险等级划分为严重风险（0，0.2）、重要风险（0.2，0.5）、一般风险（0.5，0.7）、轻度风险（0.7，0.9）和可忽略风险（0.9，1.0）。由于偏高的突变隶属函数值，对其数值需要进行修正。通过文献查找，用丁浩的相应等级的数值反向调整法对其进行修正。

3.4.4.3 深基坑支护中的风险控制

控制风险的目的就是降低风险发生的可能并减少风险带来的损失。软土深基坑支护工程的风险控制主要有两方面：一方面为制定风险防范措施；另一方面是对风险进行跟踪和监控。深基坑支护风险评价系统如图3.9所示。

（1）风险预控措施。在识别风险源并对其进行评估后，率先采取相应措施对其进行消除或控制的过程称为初始风险防控，这里的措施是指风险源还没有造成影响时就已经开始实施的措施。由于风险事件的等级不一样，有的风险造成的影响大，有些风险造成的影响轻微，所以应对风险的预控措施主要有以下三种方法。

① 风险回避。当知道有些风险带来的后果太大、难以承受时，采取相应措施不面临此类风险或者降低风险的影响，比如深基坑支护的稳定性是极其重要的，在选择方案前，就应

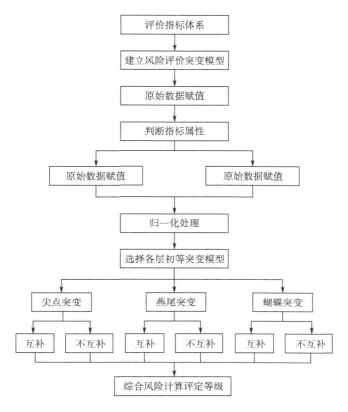

图 3.9　深基坑支护风险评价系统

避免掉那些稳定性不能满足要求的方案。

② 风险转移。这种方法就是采用一定的方式将风险转移到其他人或第三方的身上。此方法适合风险发生的可能性不大，一旦发生造成的损失大的情况。

③ 风险留存。对于那些风险造成的损失比较小但是发生的可能性比较大的风险暂不去除，这种风险发生后造成的损失可以承担且通过一定方式就可以避免，比如深基坑施工过程中少量的地下水渗漏等状况。

（2）风险跟踪与监控。对深基坑施工时的潜在风险因素进行实时跟踪与监测，灵活动态掌握风险因素的变化，并采取有效措施，保证施工进展顺利。对其进行的风险跟踪与监测在整个施工过程都要进行，这个过程是动态循环的。风险跟踪监控流程如图 3.10 所示，具体过程如下。

① 制定风险监控计划。科学合理的监测与跟踪计划是能够顺利实施风险管理的基础，有了合理完整的总体规划，才能对整个风险监测进行指导，监控计划应包括风险监控的对象、监控应遵循的原则以及管理体系和监控制度等。

② 跟踪监测工程实施。实时监测深基坑支护工程施工中可能导致事故发生的风险因素，比如材料强度和刚度是否达标、钢板桩的锚固深度是否合格等。

③ 评估风险状态。通过对监测的情况和搜集到的信息进行分析，对风险进行评估，来了解风险发生的概率和造成影响的大小，预先准备好各风险的应对措施，由管理人员决定根据风险的动态变化是否进行调整。

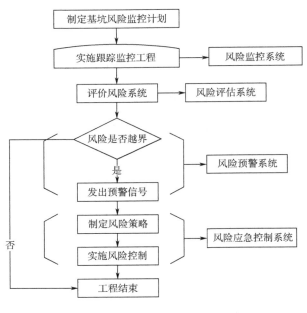

图 3.10 风险跟踪监控流程

④ 发出风险预警信号。当某个风险因素迅速放大并造成的影响突然变大时，立即向相关的管理人员报告，发出预警信号。

⑤ 制定风险处置策略。在管理人员收到预警信号后，应立即启动对应的风向应急处置方案，迅速有效地解决风险事件。

3.5 基于灰色关联理论的基坑支护方案优选模型

建立基于灰色关联理论的基坑支护方案优选模型，以便挑选出相对最优的基坑支护方案。基坑支护方案评价指标体系如图 3.11 所示。

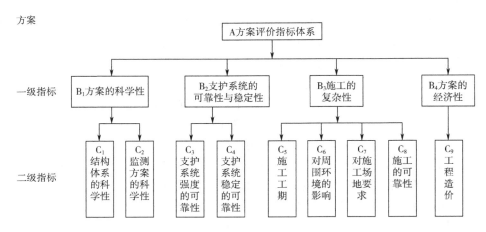

图 3.11 基坑支护方案评价指标体系

3.5.1 对各备选方案根据指标体系进行单项评价

在图 3.11 的各个指标中，有些指标可以直接量化，如工程造价、工期等；有些指标是无法直接量化的，如方案的科学性、施工的复杂性、对周边环境的影响等。对于无法直接量化的指标，可以按照下述方法通过专家们的评判对各指标进行间接量化。

设指标逻辑推理评语等级为 V。

$$V = \{很大（高、好），较大（高、好），一般，较小（低、差），很小（低、差）\}$$
$$= \{v_1, v_2, v_3, v_4, v_5\}$$

对应的等级向量为 C。

$$C = \{9, 7, 5, 3, 1\}$$

当然，如果认为上述的 1、3、5、7、9 无法准确表述逻辑推理评语的程度，也可在其中穿插 2、4、6、8 几级评语。

然后请专家针对各指标给出逻辑推理评语，见表 3.5。

☑ 表 3.5 备选方案指标逻辑推理评语

方案	逻辑推理评语				
	指标 1	指标 2	指标 3	指标 4	……
方案一	很大/9	很大/9	一般/5	较大/7	……
方案二	一般/5	较小/3	较大/7	一般/5	……
方案三	较小/3	一般/5	很大/9	较大/7	……
⋮	⋮	⋮	⋮	⋮	⋮

为了保证专家在评价时所给的评语具有较高的一致性，需要对有多个下级指标构成的上级指标进行评分的一致性检验，通过一致性检验的专家评分才能作为方案评价的依据。

设第 j 级指标经专家直接给出的逻辑推理评语得分为 X_j^i：

$$X_j^i = \{x_{j1}^i, x_{j2}^i, \cdots, x_{jK_j}^i\}$$

式中，第 m 个上级指标下面还有 n 个下级指标，设每个下级指标的权重为 W：

$$W_m = \{W_1, W_2, W_3, \cdots, W_n\}$$

则此上级指标的计算逻辑推理评语得分为

$$X_{jm}^{i'} = W_1 x_{(j+1)(s+1)}^i + W_2 x_{(j+1)(s+2)}^i + \cdots + W_n x_{(j+1)(s+n)}^i$$

式中　　W_n ——权重；

$x_{(j+1)(s+1)}^i$ ——第 i 个方案的第 $j+1$ 级指标的第 $s+1$ 个指标的评分；

$s+1$ ——本指标在第 $j+1$ 级指标体系中的排序；

$X_{jm}^{i'}$ ——第 i 个方案第 j 级指标中的第 m 个指标的计算逻辑推理评分。

由下一级指标加权计算得出的评分与专家直接给出的评分之间的绝对偏差、相对偏差和平均偏差分别记为 Δx_{jk}^i、L_{jk}^i、$\overline{L_j^i}$。

$$\Delta x_{jk}^i = |x_{jk}^i - x_{jk}^{i'}|$$

$$L_{jk}^i = \frac{\Delta x_{jk}^{i'}}{x_{jk}^i}$$

$$\overline{L_j^i} = \sum_{k=1}^{kj} L_{jk}^i$$

对于偏差，我们总是希望越小越好，但设定的值太小，往往会使得评分难以满足要求。本书设定最大偏差 $L_{k_{max}}$ 不大于 0.1，平均偏差 $\overline{L_j^i}$ 不大于 0.05。

3.5.2 确定理想方案的指标参数

理想方案是我们认为基坑支护方案应达到一个期望目标。确定理想方案指标的期望值一般有两种方法。一种是设定一个确切的量化标准，达到这个标准，就认为这一指标是"理想"的。对于一些无法量化的指标来说，直接给出这种量化标准往往是很困难的，但可以采用第二种方法来确定：就是在专家评定的各备选方案的指标中，把评价最好的指标参数作为理想方案的指标的"期望值"。

设理想方案的指标参数的期望值为 X^0，有

$$X^0 = \begin{pmatrix} x_{11}^0 & x_{12}^0 & \cdots & x_{1k_1}^0 \\ x_{21}^0 & x_{22}^0 & \cdots & x_{2k_2}^0 \\ \vdots & \vdots & \ddots & \vdots \\ x_{j1}^0 & x_{j2}^0 & \cdots & x_{jk_j}^0 \end{pmatrix} = (x_{jk}^0)$$

式中　x_{jk}^0——理想方案的第 j 级第 k 个指标的期望值。

备选方案的指标参数为 X^i，有

$$X^i = \begin{pmatrix} x_{11}^i & x_{12}^i & \cdots & x_{1K_1}^i \\ x_{21}^i & x_{22}^i & \cdots & x_{2K_2}^i \\ \vdots & \vdots & \ddots & \vdots \\ x_{j1}^i & x_{j2}^i & \cdots & x_{jK_j}^i \end{pmatrix} = (x_{jk}^i)$$

式中　x_{jk}^i——第 i 个备选方案的第 j 级第 k 个指标的期望值。

如果只是针对某一级指标进行分析，则上述的指标参数矩阵就简化为一个指标向量，即

$$\boldsymbol{X}^0 = \{x_1^0, \ x_2^0, \ \cdots, \ x_k^0\}$$
$$\boldsymbol{X}^i = \{x_1^i, \ x_2^i, \ \cdots, \ x_k^i\}$$

下面以第二种方法为例，来说明确定理想方案的指标期望值的过程。如果此指标属于效益型指标即越大越优，如方案的科学性、可靠度等，则按下式确定。

$$x_{jk}^0 = \max(x_{jk}^1, \ x_{jk}^2, \ \cdots, \ x_{jk}^i, \ \cdots, \ x_{jk}^I)$$

如果此指标属于成本型指标即越小越优，如工期、造价等，则按下式确定。

$$x_{jk}^0 = \min(x_{jk}^1, \ x_{jk}^2, \ \cdots, \ x_{jk}^i, \ \cdots, \ x_{jk}^I)$$

3.5.3 灰色关联模型

关联分析的基本思路是：以理想方案的各指标参数为参考序列，备选方案的对应指标参数为分析对象，一一比较备选方案和理想方案，找出备选方案与理想方案关联度最大的方案，此方案即为"最优"方案。

以第 j 级指标为分析对象，令 X_j^i 为第 i 个备选方案的因子序列，有

$$X_j^i = \{x_{j1}^i, \ x_{j2}^i, \ \cdots, \ x_{jK_j}^i\}$$

令 X_j^0 为理想方案的参考序列，有

$$X_j^0 = \{x_{j1}^0, \ x_{j2}^0, \ \cdots, \ x_{jK_j}^0\}$$

备选方案与理想方案指标的绝对差记为 ΔX_j^i，有

$$\Delta X_j^i = \{\Delta x_1^i, \ \Delta x_2^i, \ \cdots, \ \Delta x_{k_i}^i\}$$

式中，$\Delta x_{jk}^i = |x_{jk}^0 - x_{jk}^i|$，$k = 1, 2, \cdots, k_i$。

备选方案与理想方案的第 j 级第 k 个指标的灰关联系数记为 $\xi(x_{jk}^0, \ x_{jk}^i)$，有

$$\xi(x_{jk}^0, \ x_{jk}^i) = \frac{\min\limits_i \min\limits_k \Delta x_{jk}^i + \rho \max\limits_i \max\limits_k \Delta x_{jk}^i}{\Delta x_{jk}^i + \rho \max\limits_i \max\limits_k \Delta x_{jk}^i}$$

式中　　　　ρ——分辨系数，ρ 越小，分辨率越大，取值范围为 $[0, 1]$，一般可取 $\rho = 0.5$；

$\min\limits_i \min\limits_k \Delta x_{jk}^i$——两极最小差，其中 $\min\limits_k \Delta x_{jk}^i$ 为第一级最小差，表示在 Δx_{jk}^i 上各相应点对

Δx_{jk}^0 的距离的最小值，$\min\limits_i \min\limits_k \Delta x_{jk}^i$ 表示在各方案中找出的最小 $\min\limits_k \Delta x_{jk}^i$

的基础上，再找出的所有方案中最小差的最小差；

$\max\limits_i \max\limits_k \Delta x_{jk}^i$——两级最大差，意义同两极最小差。

各备选方案相对于理想方案的关联度为

$$\gamma_i = \frac{1}{K_j} \sum_{k=1}^{K_j} \xi(x_{jk}^0, \ x_{jk}^i)$$

比较各备选方案的关联度 γ_i，关联度最大的那个方案即为最优方案。

3.5.4　加权关联度

按照 $\gamma_i = \dfrac{1}{K_j} \sum\limits_{k=1}^{K_j} \xi(x_{jk}^0, \ x_{jk}^i)$ 计算关联度时，实际上是对各指标做平均处理，即各指标被视为同等重要。但在实际情况下，却存在许多不平均的情况，即认为某些指标要比别的指标要重要，因而需要对各指标做加权处理。

对第 j 级指标因子 x_{jk}^i（$k = 1, 2, \cdots, K$；$i = 1, 2, \cdots, I$），参考因子 x_{jk}^i，x_{jk}^i 与 x_{jk}^0 的关联系数为 $\xi(x_{jk}^0, \ x_{jk}^i)$。设各指标的重要程度是有差别的，即按照重要性大小赋予相应的权重 W_{jk}（$k = 1, 2, \cdots, K_j$）。且

$$\sum_{k=1}^{K_j} w_{jk} = 1, \ W_{jk} \geqslant 0$$

则可定义加权关联度为

$$\gamma_i = \sum_{k=1}^{K_j} w_{jk} \xi(x_{jk}^0, \ x_{jk}^i)$$

3.5.5　权重确定方法

在计算加权关联度时，合理地确定指标权重非常重要，权重不同将直接影响优选结果。常用的权重确定方法包括专家估测法、频数统计法、主成分分析法、模糊逆方程法及层次分析法等。

层次分析法是匹兹堡大学著名运筹学家托马斯·萨蒂（Thomas L. Saaty）于 20 世纪 70 年代提出的。这种方法把复杂问题中的各种因素通过划分为相互联系的有序层次，使之条理化，并把数据、专家意见和分析的主观判断直接有效地结合起来，就每一层次的相对重要性

给予定量表示，然后利用数学方法确定表达每一层次全部要素的相对重要性权重。由于层次分析法确定指标权重具有较好的精确性，因而本书采用层次分析法来确定指标权重。

3.5.5.1　构造判断矩阵

判断矩阵标度及其含义见表 3.6。

表 3.6　判断矩阵标度及其含义

标度	含　义
1	表示因素 u_i 与 u_j 比较，具有同等重要性
3	表示因素 u_i 与 u_j 比较，u_i 比 u_j 稍微重要
5	表示因素 u_i 与 u_j 比较，u_i 比 u_j 明显重要
7	表示因素 u_i 与 u_j 比较，u_i 比 u_j 强烈重要
9	表示因素 u_i 与 u_j 比较，u_i 比 u_j 极其重要
2，4，6，8	2、4、6、8分别表示相邻判断 1～3、3～5、5～7、7～9 的中值
倒数	表示因素 u_i 与 u_j 比较，得到判断结果 u_{ij}，则 u_j 与 u_i 比较，得到判断结果 $u_{ji=1}/u_{ij}$。

利用表 3.6 的判断矩阵以某一级指标作为评判对象，对其进行评判并得出评判矩阵 $\boldsymbol{P}$，称为 $\boldsymbol{A}-\boldsymbol{U}$ 矩阵。

$$\boldsymbol{P}=\begin{matrix} & \begin{matrix} u_1 & u_2 & \cdots & u_n \end{matrix} & \\ \begin{pmatrix} u_{11} & u_{12} & \cdots & u_{1k} \\ u_{21} & u_{22} & \cdots & u_{2k} \\ \vdots & \vdots & \vdots & \vdots \\ u_{k1} & u_{k2} & \cdots & u_{kk} \end{pmatrix} & \begin{matrix} u_1 \\ u_2 \\ \vdots \\ u_k \end{matrix} \end{matrix}$$

矩阵 $\boldsymbol{P}$ 是一个互反矩阵，$u_{ij}(i=1,2,\cdots,n; j=1,2,\cdots,n)$ 有如下性质。

$$u_{ij}>0 \qquad u_{ji}=1/u_{ij} \qquad u_{ij}=1(i=j)$$

3.5.5.2　计算权重

根据 $\boldsymbol{A}-\boldsymbol{U}$ 矩阵，求出最大特征根所对应的特征向量。所求特征向量即为评价因素重要性排序，也就是权重分配，即权重。

下面利用方根法来求特征向量。

（1）计算判断矩阵每一行元素的乘积。

$$M_i=\prod_{i=1}^{n}u_{ij}(i,j=1,2,\cdots,K)$$

（2）计算 M_i 的 n 次方根 $\overline{W}_i$。

$$\overline{W}_i=\sqrt[n]{M_i}$$

（3）对向量 $\overline{\boldsymbol{W}}=\{\overline{W}_1,\overline{W}_2,\cdots,\overline{W}_k\}^{\mathrm{T}}$ 进行归一化，即

$$W_i=\frac{\overline{W}_i}{\sum\limits_{i=1}^{k}\overline{W}_i}$$

则 $\boldsymbol{W}=\{W_1,W_2,\cdots,W_k\}^{\mathrm{T}}$ 即为所求的特征向量。

（4）计算判断矩阵的最大特征根。

$$\lambda_{\max} = \sum_{i=1}^{K} \frac{(PW)_i}{KW_i} = \frac{1}{k} \sum_{i=1}^{K} \frac{(PW)_i}{W_i}$$

式中　　$(PW)_i$——向量 PW 的第 i 个分量。

$$PW = \begin{pmatrix} (PW)_1 \\ (PW)_2 \\ \vdots \\ (PW)_k \end{pmatrix} = \begin{pmatrix} u_{11} & u_{12} & \cdots & u_{1k} \\ u_{21} & u_{22} & \cdots & u_{2k} \\ \vdots & \vdots & \ddots & \vdots \\ u_{k1} & u_{k2} & \cdots & u_{kk} \end{pmatrix} \begin{pmatrix} W_1 \\ W_2 \\ \vdots \\ W_k \end{pmatrix}$$

（5）一致性检验。以上得到的特征向量即为所求权重，此权重分配是否合理，还需要对判断矩阵进行一致性检验，检验方法如下。

定义一致性指标 CI。

$$CI = \frac{1}{k-1}(\lambda_{\max} - k)$$

为了得到一个对不同阶数矩阵均适用的一致性检验的临界值，引入平均随机一致性指标 RI 值，见表 3.7。它是根据大量随机样本的判断矩阵的特征值计算后取算术平均数得到的。

⊡ **表 3.7　随机一致性指标 RI 值**

k	1	2	3	4	5	6	7	8	9	10	11
RI	0	0	0.58	0.89	1.12	1.24	1.32	1.41	1.45	1.49	1.51

用随机一致性比率 CR 进行一致性检验。

$$CR = \frac{CI}{RI}$$

当 CR<0.10 时，即认为判断矩阵具有满意的一致性，否则，由于判断矩阵偏离一致性程度过大，需要考虑对判断矩阵进行修改。

3.5.5.3　计算每一层指标对总目标的综合权重

在单排序的基础上，计算每一层次中各个元素相对于总目标的综合权重，并进行综合判断一致性检验的过程称为层次总排序。

假定递阶层次结构有 h 层：C_1，C_2，$\cdots$，C_h，其中 C_1 为最高层，C_h 为最低层。根据各判断矩阵可求出各个层次的权重向量：W_1，W_2，$\cdots$，W_h。一般而言，$W_1 = 1$；W_2 为第二层元素针对最高层的权重向量；对于第三层以下的权重向量 W_k（$k = 3$，4，$\cdots$，h），若第 $k-1$ 层有 m 个元素，第 k 层有 n 个元素，则

$$W_k = [W_{ij}]_{nm}$$

W_k 中的矩阵元素 W_{ij} 为第 k 层第 i 个元素针对第 $k-1$ 层第 j 个元素的相对权重。

第 k 层元素对于总目标的综合权重向量 W'_k 可由下式求得。

$$W'_k = W_k W_{k-1} \cdots W_2 W_1$$

最低层（第 h 层）元素对于总目标的综合权重向量为

$$W_k = W_h W_{h-1} \cdots W_2 W_1$$

对于层次总排序也需要进行一致性检验。若递阶层次结构有 h 层，第 k 层的元素数目为 n_k（$k = 1$，2，$\cdots$，n），第 k 层元素对于总目标的综合权重向量为 W'_k。W'_k 中的元素 W'_{ik}

为第 k 层第 i 个元素的综合权重，则该递阶层次结构总的一致性指标为

$$\mathrm{CI_g} = \sum_{k=1}^{h} \sum_{i=1}^{n_k} W'_{ik} \mathrm{CI}_{ik+1}$$

式中　CI_{ik+1}——第 $k+1$ 层元素对于第 k 层第 i 个元素做两两比较的判断矩阵的一致性指标。

该递阶层次结构的平均随机一致性指标为

$$\mathrm{RI_g} = \sum_{k=1}^{h} \sum_{i=1}^{n_k} W'_{ik} \mathrm{RI}_{ik+1}$$

式中　RI_{ik+1}——n_{k+1} 阶判断矩阵的平均随机一致性指标。

该递阶层次结构总的相对一致性指标为

$$\mathrm{CR_g} = \frac{\mathrm{CI_g}}{\mathrm{RI_g}}$$

当 $\mathrm{CR_g} < 0.1$ 时，认为递阶层次结构在第 k 层以上的判断具有整体满意的一致性。

3.6 实例分析

3.6.1 青岛啤酒城改造项目概况

（1）项目概况。该项目的场地平坦，地貌单元为洪冲积平原。基底标高 $-5.85\mathrm{m}$，支护高度 $3.0 \sim 14.0\mathrm{m}$，基坑深度 $12.7\mathrm{m}$。土层中软黏土密度较大，地下水位较高。合同工期 $188\mathrm{d}$。

（2）环境条件。基坑西侧是道路绿化带，距离用地红线 $5\mathrm{m}$，距道路边线 $59.4\mathrm{m}$；基坑南侧距离用地红线 $5\mathrm{m}$，距道路边线 $24\mathrm{m}$；东侧为空地，距用地红线 $5\mathrm{m}$；北侧为其他建筑基坑，并与之相接。

（3）水文地质条件。第 3、4、8、12 层是含水层，水质为第四系孔隙潜水及基岩裂隙水，从北向南流向，地下水位稳定埋深 $1.30 \sim 4.30\mathrm{m}$，相应的绝对标高 $2.10 \sim 5.21\mathrm{m}$，地下水主要来源为大气降水。工程场区为二类环境。

3.6.2 青岛啤酒城深基坑支护方案评价

根据本书前述章节中的建立指标体系的方法，提取软土深基坑的有效信息，从而建立方案评价模型。

（1）软土深基坑方案评价影响因素的确定。评价指标体系的科学合理性是决策能否准确的关键条件。深基坑工程受到多种因素的影响，结合各方面原因，具体的影响因素见表 3.8。

▣ 表 3.8　工程影响因素

编号	影响因素	编号	影响因素
X_1	工程施工费用	X_3	施工难易程度
X_2	施工技术的可行性	X_4	抗渗稳定安全系数

编号	影响因素	编号	影响因素
X₅	工程其他费用	X₁₁	工程对周边环境的影响
X₆	项目总工期	X₁₂	工程对周围建筑物的影响
X₇	整体稳定安全系数	X₁₃	侧向变形能力
X₈	软弱土层处理的有效性	X₁₄	抗隆起稳定安全性
X₉	数据集成管理及应用	X₁₅	产生次生灾害的可能性
X₁₀	止水方案及应急措施的可行性		

（2）提取主成分。运用德尔菲法进行相关调研，根据表 3.9 进行打分，总共筛选出有效的样本 15 份，再进行整理得到评价矩阵。解释的总方差见表 3.10。

▣ **表 3.9　影响程度分值**

等级	强	较强	弱	较弱	很弱
测度	[10，8)	[8，6)	[6，4)	[4，2)	[2，0)

▣ **表 3.10　解释的总方差**

成分	初始特征值			提取平方和载入		
	合计	方差的比例/%	累积/%	合计	方差的比例/%	累积/%
1	3.404	22.690	22.690	3.404	22.690	22.690
2	2.635	17.569	40.259	2.635	17.569	40.259
3	2.203	14.687	54.945	2.203	14.687	54.945
4	1.437	9.577	64.522	1.437	9.577	64.522
5	1.305	8.697	73.220	1.305	8.697	73.220
6	1.154	7.693	80.913	1.154	7.693	80.913
7	0.775	5.165	86.078	—	—	—
8	0.577	3.850	89.928	—	—	—
9	0.472	3.145	93.073	—	—	—
10	0.322	2.150	95.222	—	—	—
11	0.301	2.005	97.228	—	—	—
12	0.163	1.090	98.318	—	—	—
13	0.119	0.792	99.110	—	—	—
14	0.083	0.554	99.664	—	—	—
15	0.050	0.336	100.0	—	—	—

（3）重新定义主成分并建立评价体系。通过主成分表达式 $Y_p = u_{1P} X_1 + u_{2P} X_2 + \cdots +$

u_{nP} $(n=15)$，和主成分分析表对 6 个主成分进行新的定义。主成分特征向量见表 3.11。表 3.11 中的数值越大，表明该成分的影响越大。X_1 和 X_5 为 Y_1 的主要因素，X_6 表示项目总工期，主要反映是 Y_2，Y_3 通过 X_{13}、X_2、X_3、X_7 反映，Y_4 通过 X_8、X_{14} 反映，Y_5 通过 X_4、X_{10} 反映，Y_6 通过 X_{11}、X_{12}、X_{15} 反映。

▫ 表 3.11　主成分特征向量

项目	u_1	u_2	u_3	u_4	u_5	u_6
X_1	0.220	−0.437	−0.273	0.385	−0.089	0.411
X_2	0.145	0.412	0.062	0.037	−0.348	0.225
X_3	−0.311	0.206	0.172	0.039	0.372	0.164
X_4	−0.059	0.166	0.453	0.274	−0.371	−0.149
X_5	−0.081	0.443	0.187	0.089	−0.104	−0.361
X_6	−0.187	0.363	−0.096	−0.068	−0.158	0.469
X_7	0.144	0.400	−0.098	−0.067	0.500	−0.102
X_8	−0.215	0.233	−0.398	0.355	0.059	0.092
X_9	0.246	−0.348	0.243	0.186	0.170	0.253
X_{10}	0.053	0.110	0.480	0.370	0.247	0.308
X_{11}	0.390	0.109	0.127	0.299	0.149	−0.321
X_{12}	0.443	0.136	0.067	−0.091	−0.078	0.141
X_{13}	0.298	0.243	−0.283	−0.325	0.348	0.075
X_{14}	−0.098	0.030	0.404	−0.477	−0.175	0.271
X_{15}	0.460	0.072	−0.069	−0.178	−0.254	0.000

软土深基坑评价指标体系如图 3.12 所示。

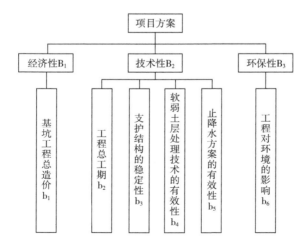

图 3.12　软土深基坑评价指标体系

3.6.3 指标权重确定

（1）熵值法对指标进行赋权。表 3.12 为备选方案的原始数据，运用熵值法对评价指标进行赋权。指标 $b_1 \sim b_6$ 的理想值分别为 4300 万元、175d、1.95、0.95、0.98、0.76。

☉ 表 3.12　各方案指标的原始数据

一级指标	二级指标	方案 A_1	方案 A_2	方案 A_3
经济性	b_1/百万元	45.50	49.00	52.46
技术性	b_2/d	184	190	215
	b_3	1.75	1.83	1.9
	b_4	0.84	0.81	0.9
	b_5	0.92	0.89	0.83
环保性	b_6	0.85	0.82	0.91

① 对表 3.12 中的数据进行规范化处理。

$$B = (b_{ij})_{mn} = \begin{pmatrix} 0.595 & 0.548 & 0.541 & 0.367 & 0.200 & 0.323 \\ 0.248 & 0.329 & 0.324 & 0.466 & 0.300 & 0.484 \\ 0.157 & 0.123 & 0.135 & 0.167 & 0.500 & 0.193 \end{pmatrix}$$

② 结合熵值运算步骤，运用 Matlab 得到指标权重值。

$$a_i = (0.239, 0.227, 0.205, 0.119, 0.108, 0.102)$$

（2）应用 OWA 算子对指标进行赋权，见表 3.13。

☉ 表 3.13　指标影响程度评价值

指标	专 1	专 2	专 3	专 4	专 5	专 6
b_1	10.0	9.0	9.5	9.0	10	9.5
b_2	9.0	9.5	8.5	10	9.5	9.0
b_3	9.5	8.5	9.0	9.0	8.0	9.0
b_4	7.0	6.0	7.5	5.0	6.0	6.0
b_5	7.5	7.0	6.0	6.0	5.0	6.0
b_6	4.0	5.0	5.0	5.5	4.0	5.0

$$\rho_j = (0.031, 0.156, 0.313, 0.313, 0.156, 0.031)$$

$$w_1' = \sum_{i=1}^{n} \rho_j b_1' = (0.031, 0.156, 0.313, 0.313, 0.156, 0.031) \begin{pmatrix} 10 \\ 10 \\ 9.5 \\ 9.5 \\ 9 \\ 9 \end{pmatrix} = 9.5$$

同理，$w_2' \sim w_6'$ 分别为 9.25，8.9，6.17，6.17，4.83。归一化后的权重为
$$\beta_i = (0.211，0.206，0.198，0.137，0.137，0.107)$$

（3）博弈集结模型计算综合权重。线性组合系数 $a_1 = 0.595$，$a_2 = 0.423$，归一化后 $a_1' = 0585$，$a_2' = 0.415$。

综合权重：$w' = (0.227，0.218，0.202，0.126，0.120，0.104)$。

3.6.4 支护方案评价

根据本书的"格序决策模型"，对青岛啤酒城改造项目的深基坑支护方案进行评价。

（1）由 B 和 w' 得到加权决策矩阵。
$$\mathbf{A} = (a_{ij})_{mn} = \begin{pmatrix} 0.135 & 0.119 & 0.0660 & 0.046 & 0.024 & 0.034 \\ 0.056 & 0.072 & 0.109 & 0.059 & 0.036 & 0.050 \\ 0.036 & 0.027 & 0.027 & 0.021 & 0.060 & 0.020 \end{pmatrix}$$

（2）正加权理想解和负加权理想解。
$$M^+ = (0.135，0.119，0.109，0.059，0.060，0.050)$$
$$M^- = (0.036，0.027，0.027，0.021，0.024，0.020)$$

（3）构建概念格。
$$d(\mathbf{A}_i，M^+) = (0.060 \quad 0.095 \quad 0.165)$$
$$d(\mathbf{A}_i，M^-) = (0.144 \quad 0.108 \quad 0.036)$$

（4）计算相对贴进度向量。
$$\mathbf{V}_i = (0.706 \quad 0.530 \quad 0.179)$$

备选方案的优先权根据 $\mathbf{V}_i$ 的大小来确定，$\mathbf{V}_i$ 大的优先权大。

参考文献

[1] 时长春，赵国良.建筑工程基坑支护设计中应注意的问题 [J].商情，2019（37）：35-39.

[2] 杨海林.建筑深基坑支护优化设计研究及应用 [D].北京：中国地质大学（北京），2013.

[3] 任建成.深基坑支护事故分析及处理对策 [J].建筑工程技术与设计，2018（6）：1923.

[4] 黄玥莹.地铁项目施工安全风险评价研究 [D].桂林：广西大学，2022.

[5] 韩锐.深基坑支护方案优选的研究 [J].建筑工程技术与设计，2017（23）：112.

[6] 王枝胜，王鳌杰，崔彩萍，等.建筑工程事故分析与处理 [M].北京：北京理工大学出版社，2018.

[7] 严绍军，时红莲，谢妮.基础工程学 [M].3版.武汉：中国地质大学出版社，2018.

[8] 陈泰霖，田玲.深基坑支护与加固技术 [M].郑州：黄河水利出版社，2018.

[9] 周玮，周苏妍.企业风险管理：从资本经营到获取利润 [M].北京：机械工业出版社，2020.

[10] 李宗坤，胡义磊，邓宇，葛巍.基于改进突变评价法的黄河凌汛灾害风险评价 [J].郑州大学学报（工学版），2023，44（1）：89-95.

[11] 杨震.软土地区"城中村"改造项目基坑支护技术经济性探讨 [J].建筑施工，2021，43（5）：813-815.

[12] 朱瑕，王升.基于交叉影响法的高校 EPC 工程招标采购风险因素研究 [J].实验技术与管理，2022，39（4）：249-254.

第4章

软土深基坑支护变形控制及稳定性分析

4.1 概述

　　改革开放以来我国经济发展的形式稳步向上，城市建设越来越好，土地资源也是日益紧缺，各种高层建筑和复杂建筑更是层出不穷。为了更好地利用土地资源来满足人们日益发展的需要，软土地区上的建筑物也逐渐地多了起来，但是由于软土地区的特性，其基坑工程施工的难度很大。

　　软土深基坑工程的施工难度大，受影响的因素多，其变形和稳定性是极为重要的两个方面。只有保证其变形和稳定性满足条件，才能保障施工过程中的安全性和工程质量，因为基坑失稳和变形超出控制而发生的深基坑事故，不仅浪费大量的资源，而且会造成人员伤亡。根据对已有的工程案例进行总结，我们发现近几十年来全国软土地区的深基坑工程事故至少有几百起。影响深基坑变形和稳定的因素很多，本章后面将进行详细介绍。

4.1.1 深基坑变形问题研究现状

　　现如今，基坑工程的深度越来越大，其工程地质条件也越来越复杂，对于深基坑变形的控制条件越来越严格。深基坑的变形不仅要使支护结构的变形满足要求，也要对基坑周围土体以及临近建筑物和结构设施的变形进行控制。基坑在开挖的过程中，随着土体不断地被挖走，剩余土体的应力不断地得到释放。早期学者们认为是支护结构的位移和基底隆起引起的基坑土体变形，常用经验公式和数值模拟分析对基坑变形进行估算。经过不断的论证和发展，发现深基坑的变形受到很多因素的影响，是极其复杂的，与土质情况、支护结构以及基坑的时空效应都有很大程度上的关联，如今深基坑变形控制的主流方法是数值模拟分析。

4.1.2 深基坑稳定性问题研究现状

　　由于数值模拟分析的发展和广泛应用，对于深基坑的稳定性在很大程度上有了更深入了的分析，稳定渗流和降水开挖模拟都可以通过有限元的方法进行解决。在 20 世纪 90 年代后，随着深基坑工程的应用广泛，我国学者对软土深基坑的稳定性进行了大量的研究，对其支护结构的变形、基底隆起量和渗流对基坑稳定性的影响都得到了大量的试验论证及结果，并提出了许多保证深基坑稳定性的措施。

4.2 软土深基坑空间效应的理论研究

我们知道，深基坑是一个具有长、宽、高的三维立体结构，其支护系统的计算应该按三维空间的受力来进行。但到目前为止，通常情况下对深基坑支护设计的分析是按二维平面受力进行的，这不符合深基坑支护的真实受力情况。随着城市的发展，高层建筑层出不穷，基坑的形状越来越复杂，有必要对基坑的真实受力状况进行分析，建立深基坑破坏的三维模式。

4.2.1 深基坑时空效应理论

4.2.1.1 深基坑施工时间效应

随着时间的流逝，土体的性质和流变性能在不断变化，这就是深基坑施工的时间效应。在基坑的开挖过程中，基坑与其支护结构往往会发生变形，这是由于土体的受力复杂且土体的应力状态在不断改变。在很大程度上，支护结构的变形受到深基坑开挖时间的影响，深基坑暴露的时间越久，其支护结构的变形可能就会越大。

深基坑施工具有明显的时间效应，宏观上，在基坑的开挖过程中，土体在不断变化；在微观层面，土粒也是在不断游走，位置不断发生改变，想要重新达到一个受力平衡状态是需要时间的。从力学观点出发，土体的应力-应变关系不是简单的折线关系，而是非线性的对应关系。

土体的蠕变就是只增加应变而应力没有变化，土体的应力松弛是指在应变没有变化的情况下而应力不断降低，土体蠕变和应力松弛都是其流变性能的主要体现。土体受到的应力不大时，其变形慢慢地趋于稳定；如果土体受到的应力很大，其应变会先慢慢地稳定，然后突然增大，造成蠕动破坏。土体蠕变的影响是不可忽视的，尤其对于软黏土区域的基坑工程，对基坑的稳定性和变形等也有很大的影响。

深基坑的施工，支护结构对于防止深基坑变形起着主要的作用。如果能够使支护结构尽早地发挥作用，就可以很大程度上有效控制深基坑的变形。

4.2.1.2 深基坑施工空间效应

深基坑的空间尺寸和形状都受其本身及支护结构变形的影响，这就是深基坑的空间效应。深基坑开挖的长度和深度都是不尽相同的，这就造成了深基坑是一个不规则的形状，因此其受力状况是复杂的。

影响深基坑空间效应的一个关键因素就是其平面形状的分布，基坑的长宽比和开挖深度等因素都会影响其支护结构的水平位移。基坑的边角也是可以体现深基坑空间效应的一个因素，如果一个基坑存在阳角壁，则其发生变形的可能性会减小或者变形减小，阳角臂的臂长越大则支护结构的水平位移越小，当阳角臂的臂长足够长时，支护结构的水平位移接近稳定。

基坑的支撑位置和支撑间距等对基坑支护的变形也有很大的影响。一般情况下，深基坑支护工程的施工要遵守"先支后挖"的原则，一步一步地进行。开挖每完成一部分就要有相对应的支撑，支撑的位置应在容易变形或变形较大处，避免基坑因为土体的卸载而产生较大的变形。

4.2.1.3 围护结构的时空效应

围护结构的时空效应主要是由于三维效应的作用，在隅角结构的位置上，围护结构拥有更大的刚度，在变形上表现为边角效应，这里的位移要比隅角处的位移小很多。当一个深基坑工程的围护结构设置了多道内支撑时，其变形后的情况如图 4.1 所示，基坑底部土体的隆起在 X 方向上呈现出先增后减的趋势，隆起最大处距离墙底有一段的距离。围护结构的变形在 Y 轴方向上的趋势为远离边角的位移大，越靠近边角越小。对于夹角的位置，由于此处基坑的长边和短边互相约束，因此围护结构的水平位移比较小，但是基坑中部区域的约束小，其变形就比较大，这个变形特性和二维平面理论比较相近。

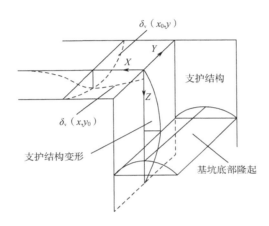

图 4.1 深基坑围护结构和土体变形示意

$\delta(x_0，y)$ 是指 x 轴上 x_0 点沿着 y 轴的位移变化量；$\delta(x，y_0)$ 是指 y 轴上 y_0 点沿着 x 轴的位移变化量

4.2.1.4 地表沉降的时空效应

地表沉降的时空效应主要体现在横向和纵向两个方向上。横向上，在地表距离围护结构的不同位置上，其沉降量的多少也不相同，一般表现为靠近围护结构的沉降量较大，远离围护结构的沉降量较小；纵向上，距离土层表面的不同高度处，其沉降量也是不同的，一般表现为距离地表越近的高度位置处沉降量较大，远离的较小。以凹槽式沉降和三角形沉降来说，其两种地表沉降都表现出了时空效应，即离围护结构越近，其沉降越小。坑外土体变形的三维图如图 4.2 所示。

对于横向最大地表沉降，学者们利用地层损失法求解，得出实用的沉降公式以及地表沉降影响范围公式为

$$\delta_{hmax} = \frac{A_w}{\dfrac{X_0}{3} + \dfrac{X}{6}}$$

$$X_0 = (H + D)\tan\left(45° - \frac{\varphi}{2}\right)$$

式中　X_0——地表沉降影响范围，m；

　　　A_w——基坑围护结构的侧向变形图面积，m^2；

X ——坑边缘到地表最大沉降处的距离，m；

D ——围护结构插入深度，m；

H ——基坑开挖深度，m；

φ ——基坑土体平均内摩擦角，(°)。

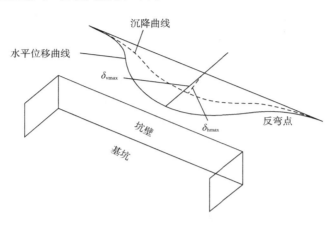

图 4.2 坑外土体变形的三维图

δ_{vmax}—垂直方向最大变形量；δ_{hmax}—水平方向最大变形量

4.2.2 土压力计算方法

4.2.2.1 静止土压力理论

静止土压力计算公式为

$$\sigma_0 = K_0 \gamma z$$

式中　σ_0 ——静止土压力强度，kPa；

　　　K_0 ——静止土压力系数；

　　　γ ——墙背填土重度，kN/m³；

　　　z ——墙背填土深度，m。

静止土压力系数 K_0 可以取 J. 杰基在 1948 年提出的对于正常固结土的经验公式。

$$K_0 = 1 - \sin\varphi'$$

式中　φ' ——土的内摩擦角，(°)。

静止土压力沿墙高方向呈三角形分布，墙长取单位长度，静止土压力为

$$E_0 = \frac{1}{2} H^2 K_0 \gamma$$

式中　E_0 ——静止土压力，kN/m；

　　　H ——挡土墙高度，m。

4.2.2.2 Rankine 土压力理论

（1）主动土压力。主动土压力的计算公式为

$$\sigma_3 = \sigma_1 \tan\left(45 - \frac{\varphi}{2}\right)^2 - 2c\tan\left(45 - \frac{\varphi}{2}\right)^2$$

$$P_a = \sigma_3 = \sigma_1 K_a - 2c\sqrt{K_a}$$

$$K_a = \tan\left(45 - \frac{\varphi}{2}\right)^2$$

式中　σ_3 ——最小主应力，kPa；

$\quad\quad\sigma_1$ ——最大主应力，kPa；

$\quad\quad\varphi$ ——内摩擦角，(°)；

$\quad\quad c$ ——内聚力，kPa；

$\quad\quad P_a$ ——主动土压力强度，kPa；

$\quad\quad K_a$ ——主动土压力系数。

如果填土表面没有超载，则 $\sigma_1 = \gamma z$，说明土压力沿墙高呈线性分布。若填土是黏性土，墙背上部有拉裂区，深度为 z_0。拉裂区底部 $z = z_0$ 处土压力为 0。得到拉裂区深度

$$z_0 = \frac{2c}{\gamma \sqrt{K_a}}$$

挡墙单位长度上的土压力合力和图 4.3 中阴影三角形的面积相等。

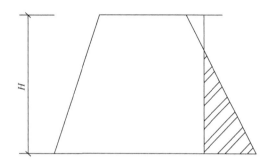

图 4.3　填土单元上土压力合力

H—挡土墙高度

作用点离墙底距离为

$$E_a = \frac{1}{2}\gamma(H - z_0)$$

$$y = \frac{1}{3}(H - z_0)$$

式中　E_a ——主动土压力合力；

$\quad\quad y$ ——合力作用点距离墙底的距离。

【例题 4.1】 已知挡土墙高 6.0m，墙背垂直光滑，$c = 15$MPa，$\varphi = 15°$，$\gamma = 18.0$kN/m³，求主动土压力。

解：（1）计算主动土压力系数。$K_a = \tan\left(45 - \frac{\varphi}{2}\right)^2 = \tan\left(45 - \frac{15}{2}\right)^2 = 0.59$，$\sqrt{K_a} = 0.77$。

（2）计算主动土压力。$z = 0$，$\sigma_{a_1} = \sigma_1 K_a - 2c\sqrt{K_a} = 18 \times 0.59 - 2 \times 15 \times 0.77 = -23.1$(kPa)。

$z = 6$m，$\sigma_{a_2} = \sigma_2 K_a - 2c\sqrt{K_a} = 18 \times 6 \times 0.59 - 2 \times 15 \times 0.77 = 40.6$(kPa)。

（3）计算临界深度 z。

$$z_0 = \frac{2c}{\gamma\sqrt{K_a}} = \frac{2 \times 15}{18 \times 0.77} = 2.16(\text{m})$$

（4）计算主动土压力 E_a。

$$E_a = \frac{1}{2}\gamma(H - z_0) = 0.5 \times 40.6 \times (6 - 2.16) = 78(\text{kN/m})$$

（2）被动土压力。被动土压力的计算公式为

$$\sigma_1 = \sigma_3 \tan\left(45 + \frac{\varphi}{2}\right)^2 + 2c\tan\left(45 + \frac{\varphi}{2}\right)^2$$

$$P_p = \sigma_1 = \sigma_3 K_p + 2c\sqrt{K_p}$$

$$K_p = \tan\left(45 + \frac{\varphi}{2}\right)^2$$

式中　　K_p——被动土压力系数。

被动极限状态下没有拉裂区。

对于多层填土有超载的土压力计算，可将上层土体的自重应力作为下层的超载，将填土顶面超载和上层土体自重应力一并看作下层土体的超载，利用有超载的土压力计算公式计算（图 4.4）。

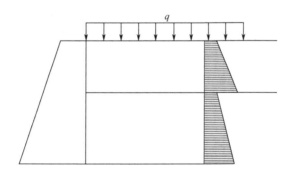

图 4.4　多层填土有超载

q—地面均布超载

【**例题 4.2**】已知挡土墙高 6.0m，墙背垂直光滑，$c = 19\text{MPa}$，$\varphi = 20°$，$\gamma = 18.5\text{kN/m}^3$，求被动土压力。

解：

$$K_p = \tan\left(45 + \frac{\varphi}{2}\right)^2 = 2.04 \qquad \sqrt{K_p} = 1.43$$

$$z = 0 \qquad \sigma_1 = \sigma_3 K_p + 2c\sqrt{K_p} = 54.34(\text{kPa})$$

$$z = 6\text{m} \qquad \sigma_1 = \sigma_3 K_p + 2c\sqrt{K_p} = 280.78(\text{kPa})$$

$$E_p = 0.5 \times (54.34 + 270.78) \times 6 = 1005.36(\text{kN/m})$$

4.2.2.3　库仑土压力理论

（1）无黏性填土主动土压力。当填土达到主动极限平衡状态时，其情况如图 4.5 所示，滑动土楔 ABC，其滑动面为 BC 和 AB。

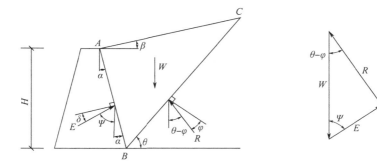

图 4.5 主动土压力计算简图

θ—假设的滑裂面 BC 与水平面间的夹角；β—墙顶填土与水平面间的夹角；α—墙背与竖直面间的夹角；
δ—墙背与填土之间的摩擦角；φ—填土的内摩擦角

主动土压力 E 的计算公式为

$$E = f(\alpha) = \frac{1}{2}\gamma H^2 \frac{\cos(\alpha-\theta)\cos(\beta-\theta)\sin(\theta-\varphi)}{\cos^2\varepsilon\cos(\theta-\beta-\alpha-\delta)\sin(\theta-\beta)}$$

式中　E ——主动土压力合力，kN；

　　　φ ——土的内摩擦角，(°)；

　　　δ ——墙背与土的摩擦角，(°)；

　　　α ——墙背倾角，(°)；

　　　θ ——滑动面 BC 的倾角，(°)；

　　　β ——填土表面倾角，(°)。

所以土压力 E 是 θ 的函数。若要使土压力 $E=0$，则 $\theta=\varphi$ 或 $\theta=\dfrac{\pi}{2}+\varepsilon$。

若 θ 在 $\left(\varphi,\dfrac{\pi}{2}+\varepsilon\right)$ 区间内，存在土压力的最大值 $E_{\max}$，这就是主动土压力 E_θ。所以

$$E_\theta = \frac{1}{2}H^2 K_\theta \gamma$$

$$K_\theta = f(\varphi,\ \varepsilon,\ \delta,\ \beta)$$

式中　K_θ ——主动土压力系数

具体表达式为

$$K_\theta = \frac{\cos^2(\varphi-\alpha)}{\cos^2\alpha\cos(\alpha+\delta)\left[1+\sqrt{\dfrac{\sin(\varphi+\delta)\sin(\varphi-\beta)}{\cos(\alpha+\delta)\cos(\alpha-\beta)}}\right]^2}$$

E_θ 是墙高 H 的二次函数，主动土压力强度沿墙高方向呈线性变化。作用点 $y=H/3$。

【例题 4.3】 挡土墙高 6.0m。墙背俯斜 $\varepsilon=10°$，填土面直角 $\beta=20°$，$\gamma=18.0\text{kN/m}^3$，$\varphi=30°$，$c=0$，$\delta=10°$，计算主动土压力。

解：主动体压力系数 K_θ 为 0.534。

主动土压力强度为

$$z=0\ \text{时}\ P_a=18\times0\times0.534=0$$

$$z=6\text{m}\ \text{时}\ P_a=18\times6\times0.534=57.67(\text{kPa})$$

总主动土压力为

$$E_0 = \frac{1}{2} H^2 K \gamma = \frac{1}{2} \times 6^2 \times 0.534 \times 18.0 = 173.02 (\text{kN/m})$$

（2）无黏性填土被动土压力。墙体被迫向填土方向位移或转动，最终向上挤出破坏楔体，此时填土为被动极限状态。被动土压力平衡计算简图如图 4.6 所示。

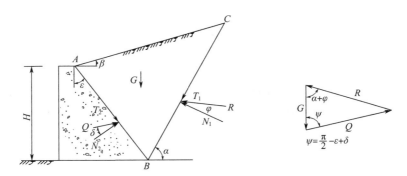

图 4.6 被动土压力计算简图
ε 为墙背与竖直面间的夹角，其余角度与图 4.5 的含义相同

被动土压力 E_p 为土压力的最小值，其计算公式为

$$E_p = \frac{1}{2} H^2 K_p \gamma$$

$$K_p = f(\varphi, \varepsilon, \delta, \beta)$$

式中 K_p ——被动土压力系数。

具体表达式为

$$K_p = \frac{\cos^2(\varphi + \varepsilon)}{\cos^2\varepsilon \cos(\varepsilon - \delta)\left[1 + \sqrt{\dfrac{\sin(\varphi + \delta)\sin(\varphi + \beta)}{\cos(\varepsilon - \delta)\cos(\varepsilon - \beta)}}\right]^2}$$

E_a 是墙高 H 的二次函数，被动土压力强度沿墙高方向呈线性变化。作用点 $y = H/3$。

（3）黏性填土主动土压力。无黏性土是最适合挡土墙填土的土质，但是在工程实际中的填土都会有一定的黏性，有时甚至填土的黏性很大。

采用库仑土压力理论计算黏性土是很不方便的，于是有两种方法可以简化计算的困难：其一是不考虑黏聚力 c 的作用，只考虑内摩擦角 φ；其二是选择一个等值内摩擦角，用这个值代替黏性土中的内摩擦角和黏聚力，从而可以按无黏性土计算。等值内摩擦角按以下公式计算。

$$\tan\left(45° - \frac{\varphi_D}{2}\right) = \sqrt{\frac{\gamma h_i^2 \tan^2\left(45 - \dfrac{\varphi}{2}\right) - 4ch_i \tan^2\left(45 - \dfrac{\varphi}{2}\right) + \dfrac{4c^2}{\gamma}}{\gamma h_i^2}}$$

式中 h_i ——计算分层厚度，m。

经过实践验证，等值内摩擦角并不能很好地代替黏性土中的内摩擦角和黏聚力，仍然需要研究黏性土的土压力从而进行更深入的研究。

黏性土的填土有可能会导致表面开裂，这个对土压力的影响应被考虑进去。填土与墙背之间的黏聚力为 0.25～0.5 倍的填土黏聚力。经过试验验证，墙体绕墙顶转动时，填土主要表现出来的是下沉，而不是水平移动。

4.2.3 考虑空间效应下土压力计算

依据土体的三维破坏模式，考虑空间效应的土压力计算方法就可以通过下面两个理论分析得出，分别是力的极限平衡分析理论和土的塑性上限理论。

三维空间下，土体破坏时对支挡结构的作用力 E_a 为

$$E_a = \frac{\sin(\beta - \varphi)\cot\beta}{\cos(\beta - \delta - \varphi)}\left(\frac{1}{2}\rho BH^2 - \frac{1}{3}\rho H^3 \times \frac{\tan\varphi}{\sin\beta}\right)$$

式中　φ——土体的内摩擦角，（°）；

β——三维破裂土体的破裂角，rad；

δ——墙与土体间的内摩擦角，（°）；

H——墙体的高度，m；

B——墙体的宽度，m；

ρ——土的重度，kN/m^3。

从上式可知，E_a 的值与土体的破裂角 β 有关。当 β 的值在 $45° + \frac{\varphi}{2}$ 附近时，一定存在一个 β 值对应着最大值 $E_{a\max}$，这个破裂角就是三维土体的临界破坏角 β_{cr}。主动土压力的上限值为 $E_{a\max}$，也记为 $E_a^{\perp}$，其表达式为

$$E_{a\max} = \frac{\sin(\beta_{cr} - \varphi)\cot\beta_{cr}}{\cos(\beta_{cr} - \delta - \varphi)}\left(\frac{1}{2}\rho BH^2 - \frac{1}{3}\rho H^3 \times \frac{\tan\varphi}{\sin\beta_{cr}}\right)$$

角部和中间坑壁区域受到的空间效应比较明显，可以按二维平面受力计算其土压力，计算简图如图 4.7。

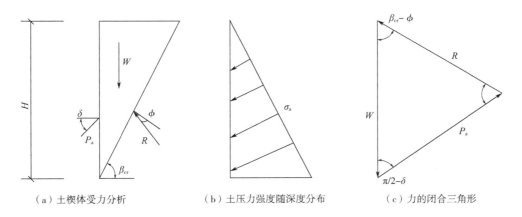

（a）土楔体受力分析　　　　（b）土压力强度随深度分布　　　　（c）力的闭合三角形

图 4.7　作用在坑壁上的土压力和其作用力三角形

W—土的重力；P_a—所求主动土压力合力；R—土体下方土体对其的支撑力；ϕ—土体的内摩擦角；

δ—墙背与土体的摩擦角；β_{cr}—临界的破裂角；σ_a—土压力强度

作用在中间坑壁段上的土压力 P_a 为

$$P_a = \frac{1}{2}\rho H^3 \times \frac{\cot\beta_{cr}\sin(\beta_{cr}-\varphi)}{\cos(\beta_{cr}-\delta-\varphi)}$$

对两端坑壁区域的长度取为 b，则其土压力 P_{ax} 为

$$b = \frac{\tan\varphi}{\sin\beta_{cr}}$$

$$P_{ax} = \frac{1}{2}\rho Hx \times \frac{\cos\beta_{cr}\cos\varphi\left(1-\dfrac{x}{H}\cos\beta_{cr}\right)}{\sin(\delta+\varphi)\tan\varphi + \dfrac{x}{H}\cos(\delta+\varphi)\cos\beta_{cr}}$$

式中 b——角部坑壁区域受到空间效应影响的主要范围，m；

x——在受到空间效应影响的范围里相距坑角的距离，m。

4.2.4 基坑空间效应的影响系数

依据已有的研究结果，二维平面内无黏性土对支护结构在单位长度上的主动土压力 P_{ap} 为

$$P_{ap} = \frac{1}{2}\rho H^2 \times \frac{\cot\theta\sin(\theta-\varphi)}{\cos(\theta-\delta-\varphi)}$$

式中 θ——土体的破裂角。

上式说明主动土压力 P_{ap} 的值和土体破裂角 θ 有关，那么一定存在着一个 θ 值使主动土压力 P_{ap} 达到最大，这个使主动土压力 P_{ap} 达到最大值的 θ，称为土体的临界破裂角，记为 θ_{cr}。此时的主动土压力就是 P_{ap} 的最大值，记为 $P_{ap}^{\pm}$，其计算公式为

$$P_{ap}^{\pm} = \frac{1}{2}\rho H^2 \times \frac{\cot\theta_{cr}\sin(\theta_{cr}-\varphi)}{\cos(\theta_{cr}-\delta-\varphi)}$$

令 K 为 P_{ap} 与 $P_{ap}^{\pm}$ 的比值，称为深基坑阴角区域空间效应影响系数。K 的计算式为

$$K = \frac{\dfrac{x}{H} \times \dfrac{\cos\beta_{cr}\cos\varphi\left(1-\dfrac{x}{H}\cos\beta_{cr}\right)}{\sin(\delta+\varphi)\tan\varphi + \dfrac{x}{H}\cos(\delta+\varphi)\cos\beta_{cr}}}{\dfrac{\cot\theta_{cr}\sin(\theta_{cr}-\varphi)}{\cos(\theta_{cr}-\delta-\varphi)}} \qquad (0 \leqslant x \leqslant H\frac{\tan\varphi}{\sin\beta_{cr}})$$

$$K = \frac{\dfrac{\cot\beta_{cr}\sin(\beta_{cr}-\varphi)}{\cos(\beta_{cr}-\delta-\varphi)}}{\dfrac{\cot\theta_{cr}\sin(\theta_{cr}-\varphi)}{\cos(\theta_{cr}-\delta-\varphi)}} \qquad (H\frac{\tan\varphi}{\sin\beta_{cr}} \leqslant x \leqslant \frac{B}{2})$$

通常情况下，基坑的凸出部分是最容易发生破坏的，因为其受力复杂，对基坑阳角空间效应影响系数建立简化的计算模型，如图 4.8 所示。

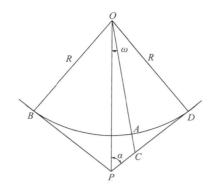

图 4.8 阳角顶面破裂边界线

R—坡顶的旋转半径；ω—扇形体角度；α—坡脚

考虑三维破裂模式的情形下，在基坑凸边上，对支挡结构的单位长度的土压力为

$$P_a = \frac{1}{2}\rho H^2 \times \left[\frac{\frac{1-\sin(\alpha+\omega)}{\sin(\alpha+\omega)}\sin(\gamma-\varphi)}{\cos(\gamma+\varphi+\delta)} + \frac{\sin(\beta_{cr}-\varphi)}{\tan\beta_{cr}\cos(\beta_{cr}-\delta-\varphi)} \right]$$

$$K = \frac{\frac{\frac{1-\sin(\alpha+\omega)}{\sin(\alpha+\omega)}\sin(\gamma-\varphi)}{\cos(\gamma+\varphi+\delta)} + \frac{\sin(\beta_{cr}-\varphi)}{\tan\beta_{cr}\cos(\beta_{cr}-\delta-\varphi)}}{\frac{\sin(\theta_{cr}-\varphi)}{\tan\beta_{cr}\cos(\beta_{cr}-\delta-\varphi)}}$$

式中，α 的取值范围为 $0°\sim90°$，ω 的取值范围为 $(\alpha-90°, 90°-\alpha)$。

4.3 软土深基坑支护结构变形控制研究

4.3.1 基坑变形控制标准

到目前为止，国内关于基坑的变形和对周边环境影响的控制有一些明确的规范和章程，其中较大一部分是关于支护桩变形的控制。

（1）《建筑基坑工程监测技术规范》（GB 50497—2009）。本规范规定，对于围护墙来说，基坑的等级分为一级基坑、二级基坑和三级基坑，没有工程经验时，桩顶的最大水平位移分别以 $25\sim30\text{mm}$、$40\sim50\text{mm}$、$60\sim70\text{mm}$ 为报警值，深层水泥灌注桩分别以 $45\sim50\text{mm}$、$70\sim75\text{mm}$、$70\sim80\text{mm}$ 为报警值。对于临近建筑物来说，$10\sim60\text{mm}$ 的位移和宽度以 $1.5\sim3.0\text{mm}$ 的裂缝值为警报值。工程技术人员往往无法准确掌握基坑位移的安全情况，因为这些警报值的范围是比较大的。所以在有些基坑工程中，基坑最大水平位移的规定值显得有些大。

（2）《建筑地基基础工程施工质量验收规范》（GB 50202—2002）。本规范规定，在没有设计指标的情况下，按表 4.1 执行。

⊡ 表 4.1 基坑变形监控值

基坑等级	墙体的最大位移	地面的最大沉降
一级	0.18H	0.15H
二级	0.30H	0.55H
三级	0.70H	0.555H

注：H 表示基坑开挖深度。

（3）《基坑工程技术规范》（DG/T J08-61—2016）。本规范规定，基坑周围建筑物没有确定的位移限值时，根据工程情况和环境保护等级按照表 4.2 控制基坑位移。

⊡ 表 4.2 基坑变形的设计控制指标   单位：mm

基坑等级	墙体顶部位移	墙体的最大位移	地面的最大沉降
一级	30	50	30
二级	60	80	60
三级	60	100	100

4.3.2 深基坑变形机理分析

基坑变形是一个极具复杂性和综合性的岩土工程问题，涉及土体的应力应变、强度以及稳定关系等方面的问题。其变形主要有以下几种：基地隆起、基坑附近土体位移、围护结构变形等。

基坑开挖需要注意的是开挖的整个过程中土体的卸载问题，主要是支护结构水平面方向和基坑开挖面的土体卸载。土体具有流变性，尤其是软土地区，其流变性更加明显，因此在基坑的开挖过程中，很容易发生基底隆起，导致土体结构内力重分布，最终达到新的平衡。在内力重分布的过程中，土体已经产生了或大或小的水平位移，并且基坑内侧土体对围护结构的作用力为被动土压力的可能性加大，而基坑外侧土体对围护结构的作用力为主动土压力的可能性变大。一般情况下，土体结构的应力应变关系呈现出非线性的现象。基坑外的土层会由于墙体的侧移而随着产生位移和附加应力，引发塑性区的产生，向上传递到地面时可能导致地表发生不均匀沉降。

支护结构的嵌固深度和刚度必须满足要求，不然有可能导致基坑发生变形或者失稳。基坑的开挖过程是一个动态的过程，基坑开挖深度的不同，其变形也是在不断变化的。

（1）基坑周围地层移动。深基坑工程施工时，土体不断从地下挖出并被运走。土体的卸载随着基坑的开挖是不断进行的，土体间的内力平衡被打破。由于没有了约束，还没有被开挖的土体中的内力将向外释放，基坑内部土体和围护结构外侧的土体间的应力不再保持平衡。基坑内部土体应力的释放可能会导致基坑底部发生隆起，而围护结构外侧土体的应力就会导致围护结构产生侧向位移，如果基底隆起或者围护结构的侧移过大，就有可能使基坑周围的土层产生移动甚至塌陷。

（2）基坑底部土体隆起。由于上层土体的被挖出，下层土体的上部失去约束并且内部应力得到释放，周围土体对此进行挤压，因此基坑底部产生了塑性位移，这就是施工过程中的基底隆起现象。基坑的隆起分为弹性隆起和塑性隆起。大多数状况下，当基坑的开挖深度不大时发生的是弹性隆起，弹性隆起的变形不会太大，对结构的影响较小，也不会对围护结构外侧的土体产生影响。当开挖深度较大时，基坑内侧土体和围护结构外侧土体的高度差较大，再加上地面上物体的堆载，都会引起基底产生塑性隆起，甚至导致地面沉降。下面是引起基底隆起的几种原因：

① 基坑施工时，上部土体被挖走，下部和两侧的土体内力重新分布，土体的应力变小，产生弹性效应；

② 开挖面土体被挖走后，基坑内部的土体压力比基坑外部的土体压力小，所以基坑内部的土受到外部土体的挤压作用，导致基坑发生隆起、回弹；

③ 侧水压力的作用使围护墙内外的土体发生塑性变形，从而引起地下水上涌；

④ 黏性土的吸水性强，含水率更高，基坑积水，因此黏性土基坑的土体体积较大，更容易导致基底隆起；

⑤ 基坑的时空效应也是影响基底隆起的重要因素。

（3）围护结构位移。在基坑开挖时，基坑外侧土体的应力得到改变，向基坑内挤压，从而使支护结构受到水平向的作用力，使其发生位移。基坑开挖得越深，基坑内和基坑外的土体高度相差得越大，土体的内力变化也就越大，围护结构的变形在一定程度上也随着开挖深度的增加而增加。围护结构的外侧承受的作用力为主动土压力，由于基坑内部土体的开挖，基坑内土体在不断卸载，所以围护结构内侧受力为被动土压力。围护结构在基坑开挖前就已经有了一定的变形，这是因为基坑的开挖要遵循"先撑后挖"的原则，保证施工的安全。基坑底面 1～2m 处是围护墙发生最大位移的高度。基坑附近土体的应力会随着围护结构的位移而改变，其主动和被动土压力区会发生变化。若围护结构的水平位移较大，还会形成塑性区。

4.3.3 深基坑变形形式

在深基坑工程施工时，由于土体的开挖，基坑内部土体缺少了上部约束，外侧土体向基坑内部挤压，导致土层结构的内力不平衡，从而引发基坑的变形。在上一小节中介绍了深基坑主要的三种变形形式为基坑附近的土层移动、基底隆起和围护结构的水平位移。深基坑的三种变形形式之间存在着一定的联系，三者相互影响。深基坑变形形式如图 4.9 所示。

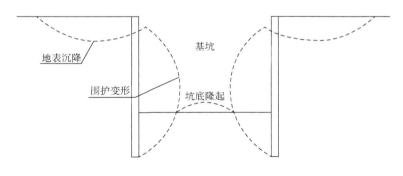

图 4.9　深基坑变形形式示意

这三种变形方式是造成地表沉降的主要因素，三者之间关系密切。

(1) 围护结构变形。依据深基坑变形模式的划分，其围护结构变形主要存在以下四种状况，如图 4.10 所示。

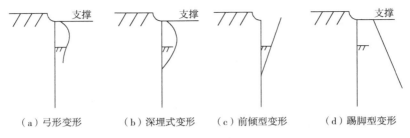

（a）弓形变形　　　（b）深埋式变形　　　（c）前倾型变形　　　（d）踢脚型变形

图 4.10　围护结构变形形式示意

① 弓形变形。此类变形多发生在软土层较厚的深基坑工程中，并且围护结构的嵌入深度不足时，变形特点为弯曲变形，弯曲方向趋向于坑内，存在明显的弯曲点。

② 深埋式变形。此类变形形式是大部分深基坑变形的情况，出现此类变形形式的原因主要是由于围护结构的嵌入深度较大，下部刚度过大，产生的变形很小，而围护结构的上部产生的变形较大，导致其向坑内变形。

③ 前倾型变形。此类变形形式的发生，主要是因为上部结构缺少支撑或者支撑的设置不及时。其变形情况为围护结构上部的变形很大，下部变形较小，变形曲线形状为倒三角形。

④ 踢脚型变形。多发生于淤泥质土和软土层较厚的深基坑工程中。当基坑的开挖深度比较大时，由于围护结构的埋深没有满足要求，所以发生此类变形，其变形情况为围护结构的底部在土体作用力下向坑内侧移，变形曲线形状为正三角形。

以上四种变形形式的发生主要是由于基坑周边的环境状况不好或者是围护结构本身的刚度、强度和施工情况不满足要求等。对于围护结构来说，其刚度、强度、埋深以及工程地质条件是影响深基坑发生围护结构变形或影响发生变形形式的主要原因。

依据变形的方向，围护结构的变形可以分为两种情况，即水平向位移和垂直向位移。

① 水平向位移。此类位移主要有三种情况，分别为抛物线式、悬臂式以及组合式（图4.11）。支撑发生水平向位移的主要原因是土体结构的内力不平衡，开挖面下的土体不断被挖走，基坑外侧土体的应力向坑内释放，而支撑主要就是承受土体的侧向力，所以产生了水平向位移。

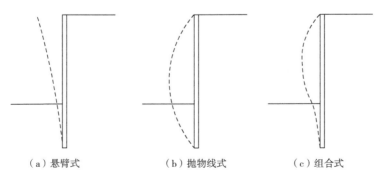

（a）悬臂式　　　　（b）抛物线式　　　　（c）组合式

图 4.11　支护结构水平位移形式

② 垂直向位移。基坑开挖过程中，由于基坑内部土体被挖走，导致其余土体应力的释放，基坑外侧土体向基坑内部进行挤压，此时如果围护结构的埋深不足以满足要求，就可能在土体挤压的作用下向上位移。同时，围护结构同样受到自身的重力作用，在这两种作用力的作用下，围护结构垂直向位移可能为正也可能为负，由于两者的相互作用，其垂直向位移一般不会过大，不会影响到基坑的稳定性。

图 4.11 所示的三种变形形式在基坑开挖的过程中都可以见到。当基坑刚开始开挖时围护结构的水平位移情况是先出现悬臂式位移，此时支撑还没有被设置在结构上部，随着基坑继续的开挖，水平支撑也被设置在围护结构上部，因此限制了上部较大的位移，围护结构的水平位移情况开始变成抛物线式，最终其位移情况为组合式。

（2）坑底隆起。基底的隆起可以分为两类，分别是弹性隆起和塑性隆起，如图 4.12 所示。在基坑开挖的过程中，基坑内上层土体被挖走，下层土体上部的约束和基坑外侧土体侧向约束也随之消失，土体的应力得到释放。当基坑开挖不深时，基坑底部的土体发生回弹，底部的回弹会对周围的土体进行挤压，产生坑底隆起。由于坑底受到的挤压力较大，越是靠近基底平面的中部，挤压力越大，从而中间部分隆起较大，两侧隆起较小。基坑内侧和外部的应力差随着基坑深度的增加也在不断扩大，坑底隆起现象越来越显著，此时的隆起已经无法全部回缩，出现了塑性变形区域，对周边的土层也造成影响，甚至导致地表发生沉降。这时基底两侧的隆起逐渐变大，超过基底中间的隆起。

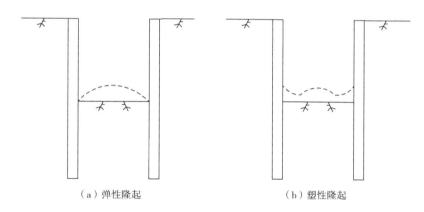

（a）弹性隆起　　　　　　　　　（b）塑性隆起

图 4.12 坑底隆起示意

① 弹性隆起。基坑内上部土体被挖走后，坑底下部土体产生的弹性回弹就是弹性隆起，"中间大两边小"是其主要变形特征。通常情况下，基坑变形比较小，对深基坑的危害也不大。

② 塑形隆起。深基坑的深度在不断增大的过程中，基坑外侧土体和内部土体的压力差也在不断扩大，因而产生塑性的变形区，"中间小两边大"是其主要变形特征，塑性隆起对基坑工程的影响较大，必须受到重视，防止基坑开挖过程中失稳或者地表沉降。

4.3.4　基坑支护结构内力与变形影响因素分析

首先内力计算必须满足支护结构的要求，其次基坑的稳定性分析和变形控制也是必不可少的。变形值的准确计算是很困难的，但也是必须计算的，基坑工程必须要控制变形。

很多因素与状况都对基坑的变形有影响，其中施工因素、设计因素和工程地质状况是对其产生影响的主要因素。基坑形状和尺寸、开挖深度以及支护结构的刚度和锚固深度、是否有内支撑和被动区的土体加固是否牢固等情况，这些都是其设计因素。对基坑变形产生影响的施工因素主要是施工工艺水平和基坑的暴露时间等。自然因素就是土层的土质情况，含水率、孔隙比等物理性质和地下水位的标高等。

通过研究这些影响基坑变形的因素，可以采取相应的措施，从而控制基坑的变形，避免基坑发生变形以及建筑物沉降。基坑问题的复杂性是很高的，对其变形的预测还不能做到准确无误。应对基坑进行实时的跟踪与检测，及时发现问题并处理。

4.3.4.1 设计因素对软土深基坑变形的影响

根据对工程案例的统计，将近一半基坑工程事故的发生是因为设计不合理。由于设计人员缺乏资质或者水平不够，对基坑支护方案的选择不合理，计算中系数选取有误、荷载取值过小、材料强度选用错误等都是造成基坑变形的原因。

（1）围护结构嵌入深度。地下连续墙的埋深和基坑的开挖深度是两个设计参数，两者的比值称为墙体嵌入比，所以墙体的入土深度是一个非常重要的设计参数，关乎基坑的安全与稳定性。由于围护结构的埋深不足而引发的深基坑事故时有发生，此类事故的发生主要有以下两方面的原因：其一是因为设计人员对资料的把控不准确，导致墙体的嵌入深度不足；其二是由于地质勘察人员对基坑土层的调查错误，施工时维护墙体持力端所在的土层承载力比较低。保证围护墙体的嵌入深度满足工程要求，不仅可以使基坑施工过程中安全稳定，还可以节约成本。

（2）支撑和围护结构的刚度。基坑施工过程中，基本不存在维护墙体和支撑不产生变形的可能，或多或少其一定会存在变形，可以做的就是通过采取相应的办法减小围护结构的变形。围护结构外的土体沉降会由于围护结构的变形较大而发生，增大围护结构的刚度可以有效地减小其变形，但是增加刚度的方法是有上限的，在一定程度上很有效，在刚度增加超过一个限值后，变形的减小就很小了。一个不可忽视的问题是围护结构的弯矩会因为墙厚的增加而变大，因此墙体的厚度不能没有限制不停地增加，不仅起不到良好的效果，还会造成经济上的浪费。

（3）被动区土体的加固。如果深基坑开挖的土质较差（土体强度低和流动性高等），并且又要应用较高的条件控制周边环境，可以采用对被动区土体进行加固的方式来增加土体强度和改变土质的物理特性。加固土体的常用方法有深层搅拌机加固、深层搅拌水泥土桩和分层注浆等。其中深层搅拌机的使用要求比较高，它要求场地、埋深等各方面都要满足条件才会选用，优点是经济实用。旋喷桩、深层搅拌水泥土桩和分层注浆的方法适用性强，各方面条件不能满足时选用此类方法，分层注浆法能否对土地进行加固，取决于施工技术的高低，并且由于旋喷桩的造价高昂，很少在工程中应用。

（4）支撑层数。支撑层的数量对基坑的稳定性有十分重要的影响，因此影响深基坑变形的另一个因素就是支撑层数。基坑支撑层数的数量应在一个合理的范围内，太少不能满足基坑稳定性的要求，太多也有很多缺陷，比如增加成本，造成经济浪费，影响土方开挖的进度，放大深基坑的时空效应导致的变形。

（5）支撑预应力。对支撑施加预应力也是一个能够有效控制围护结构变形的常用方法。由于对构件施加预应力的方法成熟有效，在工程中被使用的次数很多。该方法可以大幅削弱墙体端部的负弯矩，在有效减小围护结构位移的同时不会影响其最大弯矩值。对支撑结构施加预应力之所以能够起到较好的效果，是由于可以减少基坑内的被动土压力并增加围护结构外的主动土压力，使基坑周围的塑性区域变小，增加土体的抗剪强度。此方法可以有效地控制基坑变形和保持稳定性。

（6）支撑的位置和排列方式。支撑的设置位置对基坑的深层水平位移影响较大，然而支撑对于地表沉降的影响很小。通常情况下，当满足底板浇筑和挖土空间的要求后，最下面一层支撑要尽可能地靠下。最下面支撑的位置也会影响围护墙体的嵌入深度。

4.3.4.2 施工因素对基坑变形的影响

施工因素是对深基坑变形进行控制的一个最重要因素。深基坑工程是一个具有时空效应的综合性工程，在不同的开挖阶段，其变形的形态也是不同的。相当一部分的深基坑工程事故是由于施工因素所导致的，包括施工工艺水平的不合格和施工管理的不到位。其中施工管理是一个非常重要的因素，对深基坑支护工程编制施工方案，控制施工过程中的质量，保证施工能够安全有序的进行是施工管理的主要内容。施工方案的编制对施工能否有效进行和基坑的变形能否得到控制起到了关键作用，同时也影响到基坑分层分区能否均衡开挖。以下是深基坑施工中特别需要注意的因素。

（1）合理安排挖撑次序。先挖后撑或者先撑后挖，一般就是这两种挖撑次序。顾名思义，先挖后撑，就是先不对围护结构进行支撑，开挖下一层后再加支撑，只能对开挖以后的土体起到约束作用；先撑后挖就是首先对围护结构进行支撑，再对土体开挖。根据工程实例对比分析，先支撑后开挖可以更好地对基坑进行约束，减小其变形。

（2）考虑时空效应，合理安排挖土顺序。由于土体具有流变和蠕动的特性，一般土体经过长时间自身重力的作用，已经完全固结或趋近于固结，而软土的含水率高，其流变和蠕动性很强，经过长时间的作用，仍然达不到土体固结。所以软土地区的深基坑开挖后，土体仍存在固结效应。若基坑采用先挖后撑的方式，极有可能在还没有开挖完成下一层土体时，围护结构就已经产生了较大的变形。根据深基坑的时空效应理论，这种变形会随着时间的流逝而越来越大。

科学合理地对深基坑的开挖进行分区划分，并分层分部进行是控制基坑变形的重要一步。对于软土深基坑的开挖，应该是先撑后挖，并尽可能地减少基坑的暴露时间，当一层的土方挖好之后，立即对围护结构安装支撑，把时间效应的影响降到最低；根据空间效应理论，土方的开挖应该尽可能地减小尺寸，使基坑的变形减小。

（3）坑底隆起变形进行严格控制。开挖面下的土体被挖走后，基坑内部的土体受到围护结构外侧土体的挤压作用，在坑底土体回弹形成隆起现象。如果基坑内部有水，会导致回弹变形增大，这是因为土体含水率变高后，其抗剪强度会减小，体积变大。而回弹变形过大是导致基坑周边地表沉降的一个重要因素。土质条件、基坑的空间尺寸、暴露的时间、坑底是否有积水以及开挖工艺都会影响基坑底部的隆起，通过考虑这些因素并采取相关的措施，控制基底的隆起和基坑变形。

4.3.4.3 地质因素对基坑变形的影响

深基坑工程设计和施工方案的确定需要对场地的工程地质与水文条件以及周边环境状况进行综合考虑。对深基坑变形的控制尤为重要，无论深基坑的空间尺寸还是周边环境状况都会对变形有较大的影响。为了保证深基坑工程可以安全有序的施工，在整个过程中，勘察、设计、施工、监测等每一个步骤必须科学合理并且有效。特别是基坑场地的地质条件对基坑工程的变形有着直接的影响。

在实际的深基坑工程中，基坑开挖变形超过控制最常见的情况是由于基底的隆起过大导致的，而管涌和流沙以及围护结构外土体压力太大导致的围护结构失稳和变形的情况则发生较少。如果基坑底部的土体含水率很高，基坑的开挖就容易发生失稳变形，这是因为一旦围护结构产生的深层水平位移过大就会带来基坑难以承受的被动土压力。在基坑底部的土体土质较好的情况下，只要围护结构的嵌固深度满足要求，一般不会产生大的变形，基坑的稳定性也不会受到威胁。

4.3.5 软土深基坑工程变形控制设计

4.3.5.1 深基坑工程变形控制设计理论

对于工程人员来说，都应知道结构的极限状态分为两类，即承载能力极限状态和正常实用极限状态，基坑支护结构同样对应着这两类极限状态。基坑支护的承载能力极限状态主要是指受到其最大承载能力的荷载作用或者基坑土体失稳、围护结构的变形太大导致基坑破坏等；正常实用极限状态是指支护结构在正常使用中的变形对后续施工和周围环境产生了影响但不会导致基坑的破坏。

深基坑支护的最终目的就是保证施工顺利进行，不会达到其两种极限状态，确保基坑的稳定性满足要求并对周围的建筑物不造成大的影响。

支护结构的承载能力极限状态主要就是以下两类：一是支护结构破坏和基坑土体的坍塌，或者支护结构的位移太大导致周边建筑物和结构设施发生破坏；二是地下水的失控也会导致支护结构发生不可逆转的破坏。

在之前的深基坑工程中，通过对支护结构进行强度计算和稳定性分析来对其控制设计，但是随着深基坑越发复杂，变形控制的设计也是不可或缺的，下面两点也是导致对深基坑的变形要求越来越高的因素。

（1）基坑开挖深度越来越大，对支护结构体系设计和地基变形的控制设计的要求越来越高。传统的仅仅依据强度控制设计已经不能满足基坑支护的要求，基坑工程的施工应该是一个不断动态发展的过程，在达到极限状态之前，其变形一直是一个发展和累积的状态，一旦发生破坏，是来不及进行拯救和弥补的，因此应对基坑的变形进行严格的控制，防止突然发生的破坏事故。

（2）由于大城市建设的飞速发展，工程用地越发紧张，不可避免地，软土地区也要开挖较深的基坑来满足建设用地，因此，深基坑工程的设计受到环境因素的影响越来越大，其支护结构对变形的控制也应越发严格。

变形控制理论的目标就是对深基坑的变形进行控制，对其整个施工过程中的变形进行分析。特别是软土地区，由于地质条件的特殊性，土质的流动性强，软土深基坑极易发生变形，因此其变形控制设计是工程顺利进行的关键。当然，深基坑的强度控制设计仍然很重要，毕竟土力学的两大问题始终是关于变形和强度的。

通常认为，变形控制设计即对支护结构进行变形验算，以使变形控制在允许的范围内。但实际上，变形控制设计应包括更广泛的内涵。

一般情况下，对支护结构的变形控制在安全的范围内就是深基坑的变形控制设计。但是以下内容也应是深基坑的变形控制设计需要考虑的。

（1）对深基坑的变形进行分析预测应是变形控制的首要内容，即预测分析支护结构体系的变形规律。

（2）变形控制设计的核心内容是对深基坑支护进行动态设计，其实质就是随着施工过程的进展和搜集到的信息的完善，对方案不断地进行优化。根据深基坑的时空效应理论，对施工过程进行全过程的跟踪与检测，发现不合理之处，及时对原有方案进行改正。

（3）对于深基坑周围的环境也要进行充分的考虑和分析，比如地下管线、周边建筑物等，考虑到施工过程中对其变形的影响。

（4）深基坑工程的变形控制设计具有时效性，支护结构体系的功能有效时间是有限制的。

总而言之，深基坑支护结构的变形控制设计应能满足其本身的使用要求，并对周边的结构不造成大的影响，应采取合理的技术措施在规定的时间内完成深基坑工程。

4.3.5.2 变形控制设计方法

对于变形控制的设计方法，设计阶段常常采用正分析设计法，如理论计算或数值计算等方法，而施工阶段则往往采用反分析设计法和优化设计法。

（1）正分析设计法。正分析设计法就是对深基坑的变形控制进行设计和变形预测分析，并不断重复设计和变形预测分析的过程，以此来保证施工过程中支护结构的变形不会超过允许范围。

想要对基坑支护结构的变形进行控制，需要一定的基础和技术，而变形预测方法就是其技术路线和基础。到目前为止，有很多方法可以对基坑变形进行预测，但是每种方法都有其限制性，这是因为基坑的变形受到很多因素的影响，比如不同的支护结构方案、工程地质条件和施工工艺水平，因此，无论是理论分析方法还是经验预测法都没有办法十分准确地对其进行预测。

弹性抗力有限元法，也称为"m"法，是目前基坑变形分析常用的一种方法，通过经验公式求得地面沉降和影响范围。

通常状况下，可以认为在深基坑开挖的过程中，其周围的土体体积保持不变，因此基底隆起和地表土层的位移对支护结构的变形影响很大。因此，下面对常见的悬臂式排桩及锚排桩的变形计算进行探讨。

① 悬臂式排桩变形计算。用弹性抗力有限元法求解悬臂式排桩的水平位移，桩顶的水平位移最大为 δ_{Hmax}，地表的最大沉降位于排桩后紧邻的位置，记为 δ_{Vmax}，与 δ_{Hmax} 近似相等。

地面沉降影响范围 L（m）为

$$L = (H + y)\tan\left(45 - \frac{\varphi}{2}\right)$$

式中　y——土压力强度大小等于 0 的位置到坑底的计算距离，m；

　　　H——基坑的深度，m；

　　　φ——土的内摩擦角，（°）。

② 锚排桩墙变形计算。围护结构的整体刚度与主动区和被动区的填土类别都会对基坑附近的地面变形产生影响，围护体系各部分的刚度通过相应的方法进行匹配组成围护结构的整体刚度。围护结构的弹性变形对基坑附近地面的变形有着密切影响。通常情况下，有以下四种变形曲线形态。

a. 支撑刚度不大并且埋深不足，土体也较为松散，支撑与桩顶的距离比较远，其变形曲线如图 4.13（a）所示，墙底的位置是最大水平位移发生处。

b. 坑底土强度较小但是围护墙体埋深较大，变形曲线如图 4.13（b）所示，在坑底上部发生最大位移。

c. 基坑下部的土体较硬，支撑与桩顶的距离比较远，变形曲线如图 4.13（c）所示。

d. 基坑下部的土质比较松散，支撑与桩顶的距离比较近，变形曲线如图 4.13（d）所示，在坑底下面发生最大位移。

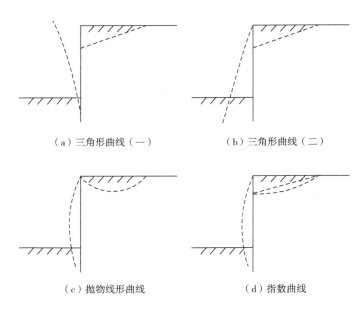

（a）三角形曲线（一）　　　　　　（b）三角形曲线（二）

（c）抛物线形曲线　　　　　　　（d）指数曲线

图 4.13　桩锚结构和地面变形曲线

对于上述 b 和 c 类中的变形曲线，可采取相应的经验公式表达 δ_{Vmax} 和 δ_{Hmax} 的关系。

$$\delta_{Vmax} = a\delta_{Hmax}$$

式中　a——系数，a 的取值根据基坑土质和基地抗隆起安全系数确定，对于抗隆起安全系数 >1.5 的基坑，一般黏性土地基 a 的取值范围为 0.3～0.5，软弱地基 a 的取值范围为 0.5～1.1。在变形较小的情况下，a 取值为 0.71。地面最大沉降发生的位置在 0.2～0.7 倍基坑深度的范围内。

对于 a 中的地面沉降（三角形式）的计算方法，常采用的是 Peck 提出的经验曲线法，可以较为综合地表达各类因素对地面沉降的影响。经过大量的工程实践，后人对 Peck 的经验曲线进行了完善，提出了新的经验公式计算。

$$\delta_V = 10K_1\alpha H$$

式中　K_1——修正系数，对于柱列地下墙取值为 0.7，壁式地下墙取值为 0.3，若经过大规模降水可取值为 1.0，板桩墙取值为 1.0；

α——地层沉降量和开挖深度的比值；

H——基坑开挖深度。

对于沉降曲线为抛物线的地面沉降，可根据 Peck 的指数函数确定。

$$\delta_V = 1 - e^{\frac{L}{X+X_m}}$$

式中　X——0 到 B' 的距离；

L——地面沉降影响范围。

图 4.14 给出了地表沉降/开挖深度与离基坑距离/开挖深度之间的关系，由图 4.14 可以看出，砂土和黏土的沉降影响范围和软土的沉降影响范围分别为 2 倍和 2.5～4 倍。

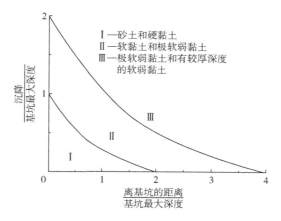

图 4.14 相对距离与相对沉降关系

对上述公式，当 $X = X_m$ 时，$\delta_V = \delta_{Vmax}$ ，此时沉降曲线如图 4.15 所示。

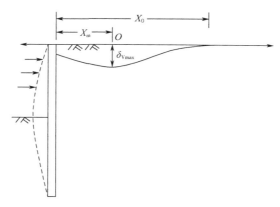

图 4.15 抛物线型沉降曲线

$$A = \frac{\delta_{Vmax}}{1 - e^{\frac{2X_m}{L} - 1}}$$

式中　A——待定常数。

③ 承压水位降低时对地表沉降的估算。基坑开挖时，通常需要降低承压水的水位，用下式对地表沉降进行估算。

$$\delta_T = \delta_V + \delta_w$$

式中　δ_w——由于承压水位降低导致的地表沉降，可用下式进行估算。

$$\delta_w = m_s \sigma_w \sum_{i=1}^{n} \frac{\Delta h_i}{E_{s_i}}$$

式中　E_{s_i}——第 i 层土层的压缩模量，MPa；
　　　m_s——经验系数，取值为 0.5～0.9；

Δh_i——第 i 层土层的厚度，m；

σ_w——承压水位降低产生的附加应力，MPa。

④ 坑底土体隆起值计算。坑底隆起量按下式计算。

$$S_e = bP_e \sum_{i=1}^{n} \frac{1}{E_{e_i}} (\delta_i - \delta_{i-1})$$

式中　　S_e——坑底隆起量，cm；

b——基坑宽度，m；

δ_i，δ_{i-1}——基坑沉降系数；

E_{e_i}——第 i 层土层的割线膨胀模量，MPa；

P_e——作用在基坑顶面的荷载，kPa。

如果基坑受到增加的荷载，其变形按下式计算。

$$S_c = b P_c \sum_{i=1}^{n} \frac{1}{E_{c_i}} (\delta_i - \delta_{i-1})$$

式中　　S_c——回弹的再压缩变形量，m；

P_c——建筑物传下来的荷载，kPa；

E_{c_i}——各土层的回弹模量，kPa。

坑底隆起的经验计算，采取同济大学得到的公式。

$$S_e = -29.17 - 0.0167\gamma H' + 12.5 \left(\frac{D}{H}\right)^{-0.5} + 0.637\gamma C^{-0.04} (\tan\varphi)^{-0.54}$$

$$H' = H + \frac{q}{\gamma}$$

式中　　S_e——坑底隆起量，cm；

H——基坑深度，m；

q——地面超载，kPa；

D——墙体埋深，m；

φ——内摩擦角，(°)；

γ——土体的重度，kN/m³；

C——土体内聚力，kPa。

有了 S_e 后，就可以得到计算墙体埋深的经验公式为

$$\frac{D}{H} = \frac{1}{\{0.08[S_e] + 2.33 + 0.00134\gamma H' - 0.051\gamma C^{-0.04} (\tan\varphi)^{-0.54}\}^2}$$

式中　　$[S_e]$——坑底允许隆起量，cm。

根据基坑附近环境条件来确定 $[S_e]$ 的取值。基坑周围环境简单时，在没有什么建筑物的情况下，$[S_e]$ 取值为基坑深度的 1%；基坑周边存在建筑物或者地下管线时，$[S_e]$ 取值为 0.2%～0.5% 倍的基坑深度；在周边环境特别复杂的情况下，$[S_e]$ 取值为 0.04%～0.2% 倍的基坑深度。

（2）反分析设计法。反分析设计顾名思义就是反向计算来确定深基坑的支护结构，其主要有两层含义：第一层是先依据基坑周围的环境条件确定其变形允许值，反算基坑支护结构的内力，以此来对支护结构进行设计；第二层是对基坑工程的位移和应力变化进行监测和跟踪，然后通过位移反演理论对各设计参数进行反演，得到反演后的设计参数再用正分析设计法计算。深基坑工程重点研究的一个方向是反分析设计法中的第二层含义。

（3）优化设计法。在不对深基坑周边环境造成太大影响的基础上，对深基坑变形控制进行优化设计，使之更加合理有效并且降低经济成本。主要有两种方法对其进行优化，分别是协同演化算法和遗传算法。深基坑支护方案的确定往往需要设计人员经过多次反复的演化计算，得到的结果可能只是一个可行性的方案，而不是最优化的。深基坑支护方案的影响因素和设计参数有很多，都会影响其成本和安全性，因此寻找一个最优化的方案是非常有必要的。

① 遗传算法。美国学者约翰·霍兰德建立发展了遗传算法，简称 GA（Genetic Algorithm），是通过对生命进化体制的模拟来对全局进行搜索优化的一种计算方法。它的原理来自达尔文生物进化论，即适者生存。GA 朝向全局搜索，并不断地优化搜索找到那个最优解。其缺点是计算量大，花费的时间久和收敛速度慢。

② 协同演化算法。协同演化算法在标准（简单）遗传算法（SGA）的基础上，演化出了独有的机制，可以模拟问题空间的不断变化。深基坑支护工程的优化比较适用于此种方法。

4.3.5.3 支护结构变形控制措施

（1）设计措施

① 在坑底的稳定性和隆起量满足要求的基础上，支护结构的水平位移能够得到有效控制，一般是不会发生地面沉降的或者地面沉降是可控的。

② 对支护结构的刚度采取相应措施进行提高，比如增加混凝土强度、加大墙的厚度等。但不能没有限制地提高，刚度的提高超过一定程度后，对减小支护结构位移的效果是不大的。

③ 如果围护墙埋深不足，可能会发生滑移，从而增大支护结构的位移，所以其埋深要满足要求，但是围护墙的埋深也不是越深越好，过大的埋深对减小支护结构位移的效果很小。

④ 把第一道支撑的位置进行提高可以有效减小支护结构的上部位移。

⑤ 对支撑锚杆提高刚度和施加一定的预应力同样可以有效减小支护结构的位移。锚杆的预应力是由各部件和土层预先施加的，并不能使土体的强度得到提高，但是可以使其位移减少。在支护结构刚度已经较大的情况下，再增加支撑锚杆的刚度已经不能有效减小支护结构的位移，但是对降低地表沉降是有效果的。

⑥ 增大圈梁刚度，可以有效减小桩顶位移。

⑦ 支撑的设置及时有效，减小相邻支撑之间的架设时间与水平和垂直间距也可以有效减小位移。

⑧ 对被动区的土体进行加固。深基坑开挖的过程中，开挖面下的土体被一层层地挖走，基坑下部土体和围护结构外侧的土体失去约束，产生应力释放，由于土体的流动和蠕变特性，容易发生坑底隆起变形，基底下的土体强度也会有一定程度的降低。在开挖前，对支护结构被动区的土体进行加固，可以有效减少土体应力释放带来的影响，减小支护结构的位移。对被动区土体加固的方式有格构式暗撑和暗墙等。

⑨ 采取有效措施对地下水进行处理。降水、隔渗和降、隔联合三类措施是在深基坑工程中处理地下水的主要方式。降水深度应控制在开挖面下方或者就是承压水头不会产生坑底管涌的位置。通常情况下，降水要比防水更好一些，但是降水可能导致地表沉降，对基坑周边的环境造成影响，因此降水方案需要科学合理，能够使基坑外地下水的水力坡度降到最低。

⑩ 采取软托换的措施处理基坑周边建筑物。软托换属于主动托换的一种方法，就是在基坑开挖前对邻近建筑物进行保护，降低周围建筑物沉降的一种方法。基坑周边建筑物对于地表的超载通过托换构件传递到更深处承载能力更高的土层上，从而减少深基坑周边环境的影响。

（2）施工措施

① 合理确定开挖施工顺序。在大量的基坑事故中，由于开挖方式不合理导致的基坑事故不在少数。主要有两方面的原因：其一，围护结构的设置可能影响到土方开挖；其二，土方开挖的合理方式也是保证基坑安全的重要因素。土方开挖的方式和速度会影响土体应力释放的大小及快慢。所以土方每阶段的开挖深度和大小都要严格按照设计要求，遵循分层开挖、先撑后挖的原则。

经过大量工程实践的验证，土方的开挖顺序会对支护结构的位移产生影响，中间向两侧开挖的顺序要比从一个方向推进的开挖顺序好，前者的开挖顺序产生的基底隆起和地面沉降会有一定的减小。

② 分步快挖、快撑和对支撑施加轴力。由于软土的流动性和蠕动性很强，基坑开挖后，其土体应力释放和变形会更快、更大，因此采取分步快挖的方式，每层挖好之后，立即进行支撑以防止土体流动和变形。深基坑施工过程中，围护墙体设置得越快，支护结构的变形就会越小。提升基坑的开挖和支撑速度可以有效减小支护结构的变形，从而降低经济成本和保证工程的安全性。

（3）应急措施。深基坑工程可能出现的问题及应急措施见表4.3。

▫ 表 4.3　深基坑工程可能出现的问题及应急措施

出现的问题	采取的措施
桩体顶部的位移过大	增加支撑层数或者锚杆数量
桩体之间发生水土流失	增加注浆孔的数量并进行泄水
基坑边坡裂缝扩大	填补裂缝，查出裂缝扩大原因

4.4　软土深基坑支护体系稳定性分析

我国对于深基坑稳定性的研究从20世纪50年代开始至今已经经过了几十年。基坑发生失稳破坏的原因主要有以下几点：支护结构的埋深不满足要求、支撑刚度不足以及基坑开挖时两侧的基坑壁太过陡峭等。基坑发生失稳可以归结为两种情况：第一种是由于外界因素的干扰触发基坑的失稳，比如爆破产生的振动和冲击波、施工的大型机械振动以及暴雨冲刷土体等；第二种是不是由于外部因素的干扰产生的失稳，这种失稳通常是因为基坑土体强度不足。根据有无支护机构可以把基坑分为两类，即无支护基坑和有支护基坑。对于软土深基坑来说，是必须要有支护结构的，支护结构有柔性支护和刚性支护两种，两者的受力状态相差很大，所以其对应的基坑发生失稳破坏的形式也不相同。综上所述，基坑失稳的影响因素可以归结为如下三种：设计因素、外界因素以及施工因素。

基坑可能发生的破坏模式可以反映基坑的破坏机制并表达出基坑已经失去了稳定的状

态，同时，基坑可能发生的破坏模式是对基坑进行稳定性分析的前提。《建筑地基基础设计规范》（GB 50007—2011）中指出了导致基坑失稳的两个主要原因：（1）地下水的渗漏导致基坑失稳以及基坑内侧和外侧土体的滑动导致支护结构位移过大；（2）设计人员对围护结构的设计不到位，造成其承载力或者刚度不能满足要求而导致基坑失稳破坏。

4.4.1 基坑失稳形式

4.4.1.1 第一类失稳形态

通过对大量基坑工程事故原因的分析，第一类基坑失稳可以分为下面几种形式。

（1）放坡开挖滑坡失稳。这种失稳一般就是边坡塌落，从而发生破坏，主要是由于放坡开挖不规范，再加上土层比较弱，在雨水和地下水的渗漏情况下容易发生，如图 4.16 所示。

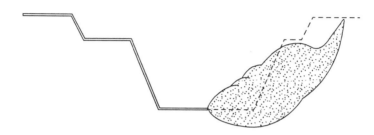

图 4.16　基坑放坡开挖失稳破坏

（2）刚性挡土墙基坑失稳。用混凝土支护排桩或者地下连续墙等刚度较大的材料构成的刚性挡土墙是重力式支护结构的一种形式，其失稳形式主要有下列三类。

① 支护结构及其外侧土体发生的整体滑移破坏，主要是由于基底下部的土层较弱，其土体的抗剪强度也就较低，或者支护结构的嵌入深度不足所导致的，如图 4.17（a）所示。

② 支护结构朝向基坑内侧发生倾覆，这种情况发生的原因主要是基坑外部靠近支护结构边缘的位置，存在超载现象，使围护墙体外侧的土压力过大，如图 4.17（b）所示。

③ 支护结构变形过大或者产生刚性转动导致支护结构破坏，这主要是由于软土的土质太弱或者基坑外超载等引起的，如图 4.17（c）所示。

（a）整体滑移破坏　　　　（b）倾覆破坏　　　　（c）整体刚性破坏

图 4.17　刚性挡土墙基坑失稳破坏

（3）内支撑深基坑失稳。在基坑内部设置了多道的支撑，支撑可以选用钢结构，也可以选用混凝土，由于支撑的存在可以减小支护结构的变形，其失稳形式主要有下列几种。

① 在支护结构底部产生的较大位移导致基坑失稳，主要由于基坑外超载和基坑底部土层较弱等原因，其破坏形式如图 4.18 所示。

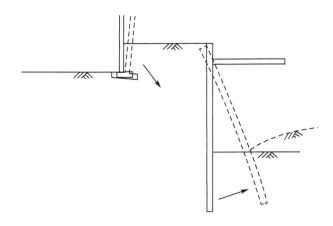

图 4.18 基坑踢脚变形失稳破坏

② 流沙导致围护墙体的坍塌，从而使支护结构发生失稳破坏。主要由于软土的含水率高，止水帷幕没有发挥效用，使得地下水涌入基坑，如图 4.19 所示。

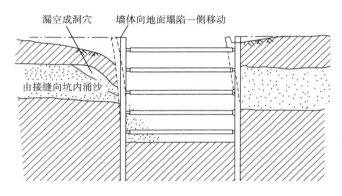

图 4.19 内支撑基坑渗流失稳破坏

③ 基坑开挖后，土体应力释放导致基底受到两侧土体的挤压作用形成隆起，若隆起过大会导致基坑发生破坏，如图 4.20 所示。

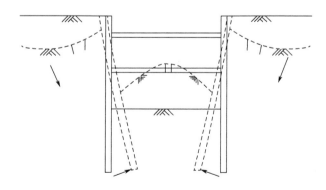

图 4.20 内支撑基底隆起失稳破坏

④ 承压水冲破坑底而发生的突涌破坏，基坑底部的土层太浅或者支护结构的嵌入深度

不够是其发生的主要原因，如图 4.21 所示。

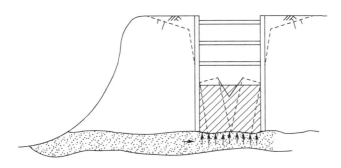

图 4.21 基坑坑底突涌失稳破坏

⑤ 基坑降水太慢或降水口被堵塞后，导致基坑底部的水位太高，从而发生管涌破坏，如图 4.22 所示。

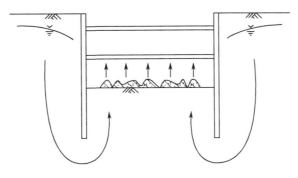

图 4.22 基坑管涌失稳破坏

⑥ 暴雨或者基坑边坡太过陡峭导致土体滑落，冲破基坑内支撑产生破坏，这类破坏主要发生在超大基坑中，如图 4.23 所示。

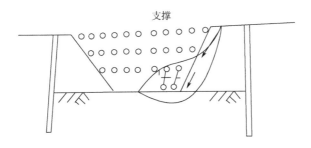

图 4.23 基坑支护结构失稳破坏

（4）拉锚基坑失稳

① 在支护结构的埋深和坑底的土体强度都不够的情况下，支护结构的上部由于锚杆的作用不会有较大的位移，但是其踢脚会朝向基坑内位移，从而发生基坑踢脚破坏，如图 4.24 所示。

② 土体滑动时，支护结构和锚杆都随之发生滑动，致使基坑失稳破坏，此类失稳的发生主要是由于锚杆在土中嵌入深度不足引起的，如图 4.25 所示。

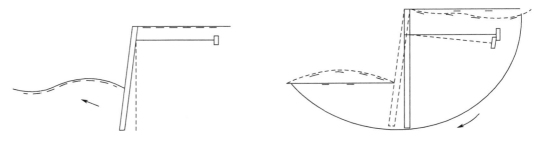

图 4.24 拉锚基坑踢脚失稳破坏　　　　图 4.25 拉锚基坑锚杆失稳破坏

4.4.1.2 第二类失稳形态

（1）支护结构破坏。支护结构的强度没有满足要求而导致其发生折断，进而引发基坑坍塌，此类破坏主要由于施工水平不达标或者设计人员进行支护结构时支护结构的强度选择偏低。此类破坏主要发生在基坑外土压力过大而基坑内支撑又少的情况下。支护结构破坏形式如图 4.26 所示。

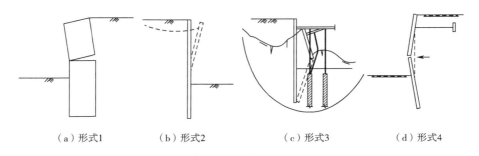

（a）形式1　　　（b）形式2　　　（c）形式3　　　（d）形式4

图 4.26 支护结构破坏形式

（2）支撑或者拉锚破坏。在对锚索进行张拉时，其强度不合格会导致基坑失稳破坏，还有一种情况是内支撑的强度不足也会导致基坑失稳破坏，如图 4.27 所示。

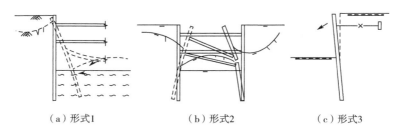

（a）形式1　　　　　　　（b）形式2　　　　　　（c）形式3

图 4.27 支撑或拉锚破坏形式

（3）墙后土体变形过大破坏。基坑外侧土体应力较大，开挖时由于基坑围护结构的刚度不足以承受土体的挤压从而发生变形。也可能会造成锚杆变位，从而产生附加应力，危及基坑安全。围护墙后土体变形过大发生破坏，如图 4.28 所示。

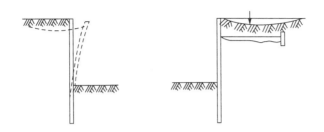

图 4.28 围护墙后土体变形过大发生破坏

4.4.2 基坑失稳原因

经过对深基坑工程事故的综合考虑发现，深基坑工程事故的发生不是仅仅由一个因素导致的，涉及设计、施工和管理等多方面的影响。

（1）设计原因。在设计因素方面主要有两个原因导致基坑失稳：一个原因是设计者未能按照规范进行深基坑支护结构的设计，从而导致基坑发生失稳破坏，此类的工程案例有很多起；另一个原因是设计人员的经验不是很丰富，对于软土地区深基坑支护结构的设计需要考虑的因素有很多，由于其地质条件十分复杂，设计参数的选取不能一味地纸上谈兵，需要根据现场的工程实践综合考虑，这就要求设计人员具备丰富的经验。

（2）勘察原因。深基坑施工前一个不可或缺的步骤是对深基坑进行地质勘察，软土地区的环境十分复杂，地形条件会严重限制勘察人员的工作进展，有些位置的勘探仪器难以对其进行准确深度的定位，这些都会对后期深基坑的设计和施工产生不小的影响。

（3）施工原因。施工单位的资质不达标，其施工工艺水平一般是导致深基坑工程事故的另一个主要原因。或者是为了缩短工期，赶超进度导致施工质量存在问题，为基坑安全埋下隐患，比如擅自改变支护结构的使用强度或刚度，最终导致基坑失稳破坏。

（4）监理原因。监理对施工质量进行监督，及时勒令施工单位进行改正是保证深基坑工程安全的一道重要防线。深基坑施工工程中若监理没有现场旁站，基坑的监测数据也没有及时报送，一旦基坑的变形超过警报值而没有及时发现，很容易发生意外，导致基坑失稳破坏。

4.4.3 基坑稳定性理论

在基坑工程中通常用安全系数指标对其稳定性进行衡量，一般分析方法也都是用安全系数指标进行分析，简单方便。但是工程的稳定性是不能通过有限元的方法对其进行评价的，对应力场、塑性区和位移场等指标的变化进行综合分析从而得到一个安全系数指标，基坑的稳定性只能由这个安全系数指标进行间接的衡量。在理论发展的基础上，专家学者提出了强度折减法的概念，这种方法对解决基坑稳定性的问题有着很好的效果，并且用此方法得到的结果准确合理，直观有效。

强度折减法的全称为抗剪强度折减系数法（Shear Strength Reduction Factor，SSRF），英国工程力学和计算力学家辛克维奇（Zienkiewicz）率先提出了此概念，并逐渐地被人们所认可，从而得到了广泛的应用。

对土体的内摩擦角 φ 和内聚力 C 用一个数值进行折减，这个数值就是折减系数 F_r，如下式所示进行折减，原来的抗剪强度指标 C 和 φ 就用折减后的代替。

$$C_m = \frac{C}{F_r}$$

$$\varphi_m = \frac{\arctan(\tan\varphi)}{F_r}$$

式中　　F_r——强度折减系数；

　　　　C——土体黏聚力；

　　　　φ——土体内摩擦角；

　　C_m，φ_m——折减后的黏聚力和摩擦角。

在具体基坑稳定的计算中，对 F_r 设定一个假定值，对其进行分析，查看结果是否收敛。对 F_r 不断进行增大，当达到临界破坏时的那个 F_r 对应的即为基坑安全稳定系数。如今主要有三种方法来判断基坑是否达到了稳定破坏界限状态：（1）数值计算的结果是否收敛；（2）特征部位的位移拐点；（3）连续的贯通区域有没有出现。

强度折减法的优点为：（1）可以对特别复杂的工程进行分析；（2）分析中考虑到变形对应力的影响，土体的本构关系被充分得到利用；（3）可以对施工过程中的开挖面形状进行模拟；（4）可以对土体与支护结构间的相互作用进行模拟；（5）滑移面的形状不需再进行假定，也不需要再进行条分。

4.4.4　基坑稳定性系数理论研究

4.4.4.1　整体稳定性分析

（1）无支护结构基坑稳定性计算

① 瑞典圆弧法。如图 4.29 所示，边坡稳定安全系数的计算于 1915 年被瑞典人彼得森（K. E. Petterson）提出，即按下式进行计算。

$$F_s = \frac{M_R}{M_S} = \frac{\tau_f l R}{W d}$$

式中　　M_R——在滑移区域的范围内，抗滑力对滑移圆心的作用所产生的抗滑力矩，kN·m；

　　　　M_S——在滑移区域的范围内，抗滑力对滑移圆心的作用所产生的下滑力矩，kN·m；

　　　　l——滑块圆弧长度，m；

　　　　τ_f——滑块土体的抗剪强度，kPa；

　　　　d——滑块重心距圆心距，m；

　　　　R——滑块圆心半径，m；

　　　　W——滑块自重，kN。

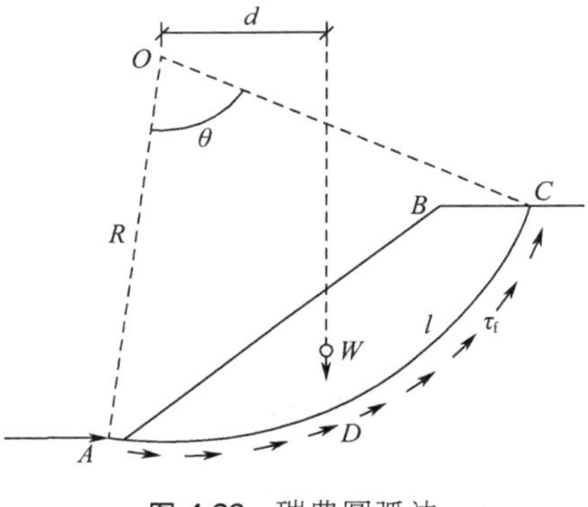

图 4.29　瑞典圆弧法

W—滑动土体的重量；d—过滑动土体重心的竖直线与圆心 O 的水平距离；R—半径；C—土体的黏聚力

瑞典学者费伦纽斯（W. Fellenius）于 1927 年在对基坑稳定进行总结分析的基础上，对边坡的最危险滑动面有了新的认知，当内摩擦角为 0°时，其最危险滑动面经过坡脚。在图 4.30所示中的 N_1O 线，最危险滑动面的圆心的位置就在这条线上，β_1 和 β_2 的值可以通过表 4.4 确定。

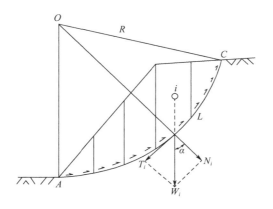

图 4.30　费伦纽斯法

α—土条底边中点与原点 O 之间的连线与竖直线之间的夹角；R—圆弧的半径；
L—圆弧的长度；W_i—土条的重量；T_i，N_i—滑弧段的切向力和法向力

⊡ **表 4.4　β_1 和 β_2 的数值**

坡角 β	坡度 $1:m$（垂直：水平）	$\beta_1/(°)$	$\beta_2/(°)$
60°	1：0.58	29	40
45°	1：1	28	37
33°47′	1：1.5	26	35
26°34′	1：2.0	25	35
18°26′	1：3.0	25	35
11°19′	1：5.0	25	37
7°8′	1：6.0	25	37

② 条分法。如图 4.31 所示，在垂直向上的土层分布比较多的情况下，对每层土体的滑动面进行分析是很困难的，要是把几层土体当作一层土体计算的话，其结果和实际是相差较大的，采

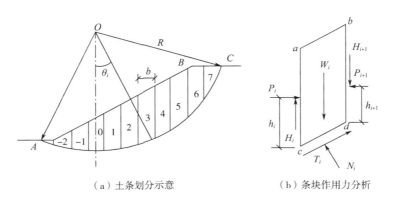

（a）土条划分示意　　　　　　（b）条块作用力分析

图 4.31　条分法计算原理

θ_i—土条底边中点与原点 O 之间的连线与竖直线之间的夹角；b—土条的宽度；
R—圆弧的半径；W_i—土条的重量；P_i、P_{i+1}—土条侧面 ac 和 bd 的法向力；
H_i，H_{i+1}—土条侧面 ac 和 bd 的切向力；T_i，N_i—滑弧段的切向力和法向力

用条分发就可以很好地解决此类问题。其原理为：对边坡土体在垂直方向上进行分条，各个条层土体以滑弧中心为原点作用的滑动力矩和抗滑力矩分别进行计算求和。计算公式如下。

条分法主要有两种假定，其计算公式分别如下。

a. 瑞典条分法。瑞典条分法是条分法中最简单最古老的一种条分法，其假定作用在每条土体左右两边的应力作用在一条直线上并且是大小相等方向相反的，即不考虑土条间的作用力。

$$F_s = \frac{M_R}{M_S} = \frac{\sum(c_i l_i + W_i \cos\alpha_i \tan\varphi_i)}{\sum W_i \sin\alpha_i}$$

式中　　c_i——土体黏聚力；

　　　　l_i——滑弧 cd 的长度；

　　　　W_i——土条的重量；

　　　　α_i——土条底边中点与原点 O 之间的连线与竖直线之间的夹角；

　　　　φ_i——土体的内摩擦角。

b. 毕肖普分法。1955 年，毕肖普提出了新的观点，在边坡稳定的状况下，在每条土体上，滑弧面上的抗剪强度等于其切向力。他认为忽视每条土体间的作用力不会得到准确的结果，如图 4.32 所示。

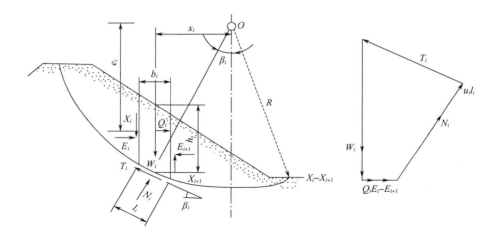

图 4.32　毕肖普计算简图

W_i—土条的重量；X_i，X_{i+1}—土条两侧的切向力；E_i，E_{i+1}—土条两侧的法向力；
N_i—土条下土体对土条的支撑力；Q_i—作用在土条上水平方向的外荷载；u_i—超静孔隙水压力；
R—圆弧半径；h_i—土条的高度；l_i—土条底边的长度；x_i—土条底面中心距圆心的水平距离；
β_i—土条底边中心和圆心的连线与竖直线之间的夹角

$$T_i = \frac{c_i l_i + N_i \tan\varphi_i}{F_s}$$

式中　　N_i——滑弧段的法向力，kW；

　　　　F_s——稳定安全系数。

其余符号同前。

$$N_i = W_i + (H_{i+1} - H_i)\cos\alpha_i - (P_{i+1} - P_i)\sin\alpha_i$$

用极限平衡法计算时，以滑弧中心为原点，各个土条内力对其作用的力矩之等于 0。

$$\sum W_i x_i - \sum T_i R = 0$$

式中　　x_i——土条重心的竖直线与圆心 O 的水平距离，m。

根据上式，可以求得边坡稳定系数。

$$F_s = \frac{\sum \{c_i l_i + [W_i + (H_{i+1} - H_i)\cos\alpha_i - (P_{i+1} - P_i)\sin\alpha_i]\tan\varphi_i\}}{\sum W_i \sin\alpha_i}$$

因为毕肖普不考虑土条间摩擦力的差值，所以 $H_{i+1} - H_i = 0$，得到

$$F_s = \frac{\sum \{c_i l_i + [W_i - (P_{i+1} - P_i)\sin\alpha_i]\tan\varphi_i\}}{\sum W_i \sin\alpha_i}$$

根据 $F_x = 0$，$F_y = 0$，就可以得到

$$P_{i+1} - P_i = \frac{\dfrac{1}{F_s} W_i \cos\alpha_i \tan\varphi_i + \dfrac{c_i l_i}{F_s} - W_i \sin\alpha_i}{\dfrac{\tan\varphi_i}{F_s} + \cos\alpha_i}$$

经过简化得到的毕肖普公式为

$$F_s = \frac{\sum (c_i l_i \cos\alpha_i + W_i \tan\varphi_i) \dfrac{1}{\dfrac{\sin\alpha_i \tan\alpha_i}{F_s} + \cos\alpha_i}}{\sum W_i \sin\alpha_i}$$

（2）有围护结构稳定性计算。围护结构深基坑稳定性系数计算可以采用条分法，如图 4.33 所示，按下式计算。

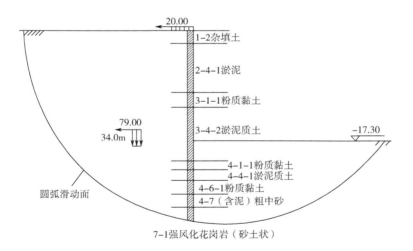

图 4.33　整体稳定性验算

$$\gamma_{RS} = \frac{\sum (q + \gamma h) b \cos\alpha_i \tan\varphi + \sum cl + \dfrac{M_p}{R}}{\sum (q + \gamma h) b \sin\alpha_i}$$

式中　　γ_{RS}——围护结构深基坑稳定系数；

　　　　γ——土的天然重度，kN/m³；

α_i——从土条底部到圆心的连接线与其垂线的夹角，(°)；

h——土条高度，m；

M_p——每延米桩产生抗滑力矩，kN·m；

b——土条宽度，m；

l——每一土条弧面的长度，m；

q——地面荷载，kPa；

c，φ——土的参数指标，kPa 和 (°)。

基坑存在围护结构不仅需要考虑土体和围护结构的整体稳定性，还需要对切桩阻力引起的抗滑作用进行考虑，即对 M_p 进行考虑。

$$M_p = R\cos\alpha_i \sqrt{\dfrac{2 M_c \gamma h_i (K_p - K_a)}{d + \Delta d}}$$

式中 α_i——连接圆心和垂线的夹角，rad；

R——滑块圆心半径，m；

h_i——桩滑弧面至坡面的深度，m；

M_c——每根桩身的抗弯弯矩，N·m；

Δd——两桩间的净距，m；

γ——h_i 范围内土的重度，kN/m³；

K_p，K_a——被动土压力系数、主动土压力系数；

d——桩径，mm。

4.4.4.2　抗隆起稳定性分析

在基坑开挖的过程中，开挖面下的土体被挖走，基坑下部和两侧土体进行应力释放，对围护结构产生作用力，向基坑内挤压，基底发生隆起。软土地区的深基坑更容易发生基坑隆起现象，导致基坑失稳。

（1）不排水的黏性土抗隆起稳定性分析。Terzaghi 等人在对承载力模式进行分析的基础上，提出了极限平衡法，是总应力分析法的一种，可以较好地针对黏性土渗流不好的情况。

如图 4.34 所示，极限平衡分析基坑隆起的稳定性。

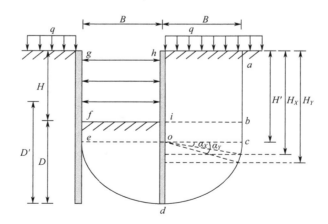

图 4.34　Terzaghi 抗隆起分析模式

因为渗水性差的黏性地基其承载力强度高，所以其抗隆起稳定系数为

$$\frac{\gamma H}{S_u} = 5.7 + \frac{H}{B_1}$$

式中 H ——基坑开挖深度，m；

       S_u ——土体不排水强度，kPa；

       5.7——考虑地基完全粗糙时的地基承载力系数，N_c；

       γ ——基坑底面以上土体的天然重度，kN/m^3；

       B_1 ——计算宽度，$D \geqslant \dfrac{B}{\sqrt{2}}$ 时 $B_1 = \dfrac{B}{\sqrt{2}}$，$D \leqslant \dfrac{B}{\sqrt{2}}$ 时 $B_1 = D$；

       D ——基坑下面的岩石到基坑开挖面的距离，m；

       B ——基坑宽度，m。

（2）对内摩擦角和黏聚力都进行考虑的抗隆起稳定性分析。目前，对内摩擦角和黏聚力都进行考虑的基坑隆起稳定性分析主要有两种方法，分别是在地基承载力与圆弧滑动的基础上进行分析。

① 基于地基承载力模式。下面介绍以 Prandtl 和 Terzaghi 提出的同时考虑 c-φ 的理论为基础，进行地基承载力计算方法。计算地基极限承载力时，其基准面为围护墙底部，如图 4.35 所示。

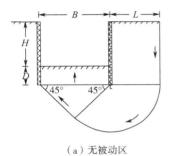 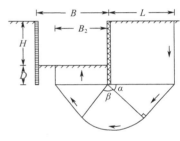

（a）无被动区   （b）主动区宽度等于基坑宽度   （c）主动区宽度小于基坑宽度

图 4.35   Prandtl-Terzaghi 法

H—基坑开挖深度；B—基坑宽度；D—围护结构自基坑底部埋入土地的深度；
L—被动区所对应的基坑外侧土体的宽度；B_2—主动区宽度；β—过渡区

$$K_{wz} = \frac{\gamma_1 D N_q + c N_c}{\gamma_2 (H + D) + q}$$

式中 c ——土体加权黏聚力，范围为围护墙底滑动面，kPa；

       D ——墙体入土深度，m；

       H ——基坑开挖深度，m；

       q ——地面超载，kPa；

     K_{wz} ——抗隆起稳定安全系数，K_{wz} 取值为 1.1~1.2（Prandtl）或 1.15~1.25（Terzaghi）；

       γ_1 ——土层天然重度的加权平均值，在 D 深度内，kPa；

       γ_2 ——坑内土层天然重度的加权平均值，在（$D+H$）深度内，kPa；

   N_q，N_c ——地基承载力系数。

对于 Prandtl 公式

$$N_q = \tan^2\left(45 + \frac{\varphi}{2}\right)e^{\pi\tan\varphi}$$

$$N_c = (N_q - 1)\frac{1}{\tan\varphi}$$

对于 Terzaghi 公式

$$N_q = \frac{1}{2}\left\{\frac{\exp\left[\left(\frac{3}{4}\pi - \frac{\varphi}{2}\right)\tan\varphi\right]}{\cos\left[45 + \frac{\varphi}{2}\right]}\right\}^2$$

$$N_c = (N_q - 1)\frac{1}{\tan\varphi}$$

公式只给出了基坑抗隆起受到围护墙体和土体强度的影响，没有说明基础宽度对于其承载能力的作用。

② 基于圆弧滑动模式。如图 4.36 所示，存在这样一个滑弧面，其圆心为离基底距离最近的一个内支撑和支撑结构的交点，内支撑到支撑结构底部的距离为半径。

由于支护结构埋在土体中的部分会对基坑的隆起产生影响，考虑此因素后，抗隆起力矩 M_{RL} 和滑动力矩 M_{SL} 的计算式如下。

$$M_{SL} = \frac{1}{2}(\gamma h_0' + q)D^2$$

式中　γ——土体的重度，kN/m^3；

　　　q——作用于基坑顶面的超载，kPa；

　　　D——围护结构自基坑底面埋入土体的深度，m；

　　　h_0'——最下层的支挡结构距基坑顶部的距离，m。

$$M_{RL} = R_1 K_a \tan\varphi + R_2 \tan\varphi + R_3 c$$

式中　φ——土体的内摩擦角，$(°)$；

　　　c——土体的黏聚力，kPa。

其中，R_1、R_2 和 R_3 的表达式如下。

$$R_1 = \frac{H^2(H - h_0')}{2\sin\alpha_1} + q_f H$$

$$R_2 = \frac{1}{2}D^2 q_f\left[\alpha_2 - \alpha_1 - \frac{1}{2}(\sin2\alpha_2 - \sin2\alpha_1)\right] - \frac{1}{3}\gamma D^3$$

$$\left[\sin^2\alpha_2\cos\alpha_2 - \sin^2\alpha_1\cos\alpha_1 + 2(\cos\alpha_2 - \cos\alpha_1)\right]$$

$$R_3 = HD + (\alpha_2 - \alpha_1)D^2$$

$$q_f = \gamma h_0' + q$$

$$K_a = \tan^2\left(45 - \frac{\varphi}{2}\right)$$

式中　α_1——圆弧破裂面与水平面的夹角，$(°)$；

　　　α_2——圆弧破裂面之间的夹角，$(°)$。

抗隆起稳定安全系数为

$$K_L = \frac{M_{RL}}{M_{SL}}$$

对应的工程等级不同，K_L 的取值也不同，工程等级为一、二、三级时，其对应的取值分别是 2.5、2.0 和 1.7。

4.4.4.3　抗渗流稳定性分析

管涌、突涌和流沙是基坑渗流的三种破坏形式。管涌和流沙导致基坑失稳破坏的机理和形式都不相同。在一些情况下，基坑土体为沙土时也可以发生管涌破坏，地下水位较高并且软土没有达到要求的情况下反而更容易发生流沙破坏，此时要对基坑进行流沙破坏验算。

在基坑底部有承压水位并且基底的覆盖土体不厚的情况下，一旦基坑开挖超限或者支护结构的埋深不足，地下水就会冲破基底，造成突涌破坏，此时需要对基坑进行突涌破坏验算。

（1）抗渗流稳定性验算 。软土地区的含水率较高，土体中的水分很多，需要对基坑发生管涌和流沙的可能性进行验算，就是抗渗流稳定性验算。

基坑抗渗流稳定性验算主要有三种方法，分别是 Terzaghi 方法、临界水力梯度法和规范中规定的方法，现对前两种方法进行介绍。

① Terzaghi 方法。基坑隆起的圆弧滑动简图如图 4.36 所示。Terzaghi 法抗渗流稳定性验算如图 4.37 所示。全部渗透压力 J 在宽度为 B 的渗流区域内的大小为

$$J = \gamma_w h B$$
$$W = \gamma' D B$$

式中　γ_w——水的重度，kN/m^3；

$\quad\quad h$——水头损失高度（通常情况下为 $h_w/2$），m；

$\quad\quad B$——基坑内发生渗流的范围，m^2，可以取 $B \approx D/2$；

$\quad\quad \gamma'$——土的有效重度，kN/m^3；

$\quad\quad D$——围护墙体的埋深，m。

若 $W > J$，表示基坑稳定，还应满足下列条件。

$$K = \frac{W}{J} = \frac{\gamma' D B}{\gamma_w h B}$$

式中　K——抗渗流稳定系数，通常取为 1.5。

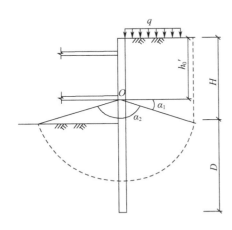

图 4.36　基坑隆起的圆弧滑动简图

q—作用在基坑顶面的超载；H—基坑深度；D—围护结构自基坑底面埋入土体的深度；h_0'—最下层的支挡结构距基坑顶部的距离；α_1—圆弧破裂面与水平面的夹角；α_2—圆弧破裂面之间的夹角

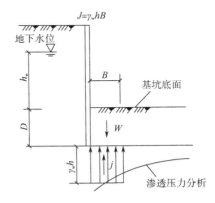

图 4.37　Terzaghi 法抗渗流稳定性验算

② 临界水力梯度法。如图 4.38 所示，基坑不发生渗流破坏的条件为下式。

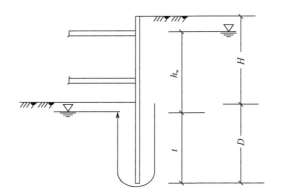

图 4.38 临界水力梯度法验算简图
H—基坑的开挖深度；D—围护墙体的埋深

$$\gamma' \geqslant i\gamma_{w}$$

式中　γ'——在渗流范围之内的土体，其加权平均有效重度，kN/m^3；

　　　i——在渗流出口位置的水力梯度。

沿着围护侧壁的路径是其水力梯度最小的路径，以此求得的水力梯度为

$$i = \frac{h_{w}}{h_{w}+2t}$$

式中　t——水位距围护结构底面的距离。

抗渗流稳定安全系数为

$$K = \frac{i_{c}}{i} = \frac{\gamma'}{i\gamma_{w}} = \frac{\gamma'(h_{w}+2t)}{\gamma_{w}h_{w}}$$

地区土质不同，K 的取值也会有所变化，一般来说，砂质土时 $K=3.0$，其他土体 $K=2.0$。

当基坑止水措施比较好时，比如支护结构的围护墙厚度比较大，上式对于渗水稳定的计算相对保守，可以采取下式计算渗流路径的总长度。

$$L = \sum L_{h} + m\sum L_{v}$$

式中　$\sum L_{h}$——基坑渗流在水平段的总长度；

　　　$\sum L_{v}$——基坑渗流在垂直段的总长度；

　　　L——最大渗流路径长度；

　　　m——渗流换算系数，止水帷幕只有一排时，m 取值 1.5，止水帷幕有两排及两排
　　　　　以上时，m 取值 2.0。

（2）承压水突涌稳定性验算。在基坑下方有承压水的存在且基底的覆盖土体不是很厚的情况下，要对基坑进行突涌稳定性验算，防止出现突涌破坏。在施工时，保证止水帷幕的施工质量，确保其嵌固到透水性差的土层中；对坑底进行加固，使坑底土的强度和重度都能得到提高。现在实际工程中主要就是采取上述两种方法防止基坑的突涌破坏。

如图 4.39 所示，基坑底部到承压水底部的距离为 $h+t$，在这个范围内，保证土体的自重应力要比承压水压力大，那么基坑的稳定性就可以得到保障，可以用公式表达如下。

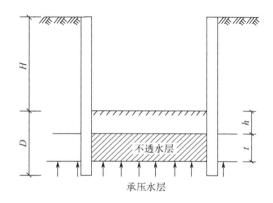

图 4.39 基坑承压水稳定性计算简图

$$K = \frac{\sigma_{cz}}{p_w} = \frac{\gamma_m(h+t)}{p_w} \geqslant 1.1$$

式中　γ_m——坑内 $h+t$ 范围内土体的自重应力；

t——不透水层厚度；

p_w——承压水的水头压力；

σ_{cz}——基底到承压水底部 $h+t$ 范围内土体的自重应力；

K——抗承压水稳定安全系数。

4.4.4.4 抗倾覆和水平滑移稳定性验算

深基坑采用重力式的围护结构时，要防止其发生滑移和倾覆破坏，因此要对其进行抗滑移、抗倾覆稳定性分析。

（1）抗倾覆稳定性验算。如图 4.40 所示，假设在前趾的位置，支护结构发生破坏，抗倾覆稳定系数 K_q 的计算公式为

$$K_q = \frac{M_{RK}}{M_{SK}}$$
$$M_{RK} = F_a Z_a + F_w Z_w$$
$$M_{SK} = F_p Z_p + G_k B/2$$

式中　M_{RK}——以支护结构底部前趾为作用点，基坑内部和外侧的水土压力以及基坑外侧地面上的堆积荷载造成的压力共同作用对其产生的倾覆力矩，kN·m/m；

M_{SK}——以墙底前趾为作用点，支护结构的自重以及基坑内挡土墙的被动土压力共同作用对其的稳定力矩标准值，kN·m/m；

$G_k B$——水泥土挡墙的自重标准值，kN。

对于软土地区的深基坑，上述公式的适用性可能不是很好，软土深基坑受支护结构插入比 D/H 的影响比较大。稳定系数呈现出随着插入比变大越来越小的趋势，这是因为软土深基坑的支护结构插入比会对转动点产生影响，上式中认为转动点是不变的。

（2）抗滑移稳定性验算。抗滑移稳定验算主要考虑的问题其实是支护结构在水平方向上的力系是否平衡，可以按下式计算其稳定安全系数。

$$E_H = \frac{E_{RK}}{E_{SK}}$$
$$E_{RK} = G_k \tan\varphi_{0k} + B c_{0k}$$

$$E_{SK} = F_a + F_w$$

式中 E_{RK} ——坑内围护墙被动土压力标准值，kN；

G_k ——支护结构的自重，kN；

φ_{0k}，c_{0k} ——分别为基坑底部土层的内摩擦角和黏聚力；

E_{SK} ——沿围护墙底面的滑动力标准值，kN；

E_H ——沿围护墙底面的抗滑动力，kN。

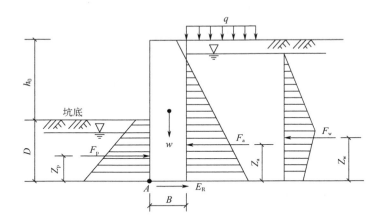

图 4.40 围护结构抗倾覆、抗滑移计算简图

q—作用在基坑顶处地面上超载；F_a、F_p、F_w—分别表示主动土压力、被动土压力和水压力的合力；
Z_a、Z_p、Z_w—分别表示主动土压力、被动土压力和水压力的合力距基坑底部的距离

【例题 4.4】一级基坑深度为 8m，采用排桩加一水平支撑支护支护结构，内支撑位于地面下 3m 处，支护桩入土深度 $l_d = 7m$，土层为黏性土，$c = 12\mathrm{kPa}$，$\varphi = 15°$，$\gamma = 19.3\mathrm{kN/m^3}$，无地面施工荷载，无地下水，计算基坑的嵌固稳定性。

解：经计算，主动、被动土压力系数 K_a、K_p 分别为 0.589 和 1.7，则 $\sqrt{K_a} = 0.767$，$\sqrt{K_p} = 1.3$。

主动土压力为 0 处距地面的距离为 $z_0 = 1.62\mathrm{m}$。

内支撑点处的土压力为 $p_{a1} = 15.7\mathrm{kPa}$。

桩端处的土压力为 $p_{a2} = 133.7\mathrm{kPa}$。

主动土压力的合力为 $E_{ak} = 133.7 \times 0.5 \times (15 - 0.62) = 894.45(\mathrm{kN/m})$。

主动土压力的合力点距内支撑的距离为 $a_{a2} = 15 - 3 - \dfrac{15 - 1.62}{3} = 7.54(\mathrm{m})$。

基坑底面处的被动土压力为 $p_{p1} = 31.2\mathrm{kPa}$。

桩端处的被动土压力为 $p_{p2} = 260.87\mathrm{kPa}$。

被动土压力的合力为 $E_{pk} = 1022.2\mathrm{kN/m}$。

被动土压力的合力点距内支撑的距离为 $a_{p2} = 5 + 7 - 2.58 = 9.42(\mathrm{m})$。

嵌固稳定系数为：$K_e = \dfrac{E_{pk} a_{p2}}{E_{ak} a_{a2}} = 1.43$，$> 1.25$，满足稳定性的要求。

【例题 4.5】某饱和黏性土中开挖条形基础，拟采用 8m 长的板桩支护，地下水位已降低，坑侧底面荷载 $q = 10\mathrm{kPa}$，土层性质 $c = 12\mathrm{kPa}$，$\varphi = 15°$，$\gamma = 19\mathrm{kN/m^3}$，为满足基坑抗

隆起稳定性的要求，此基坑的最大开挖深度不能超过多少？

解：设基坑的开挖深度为 h。

$$N_q = \tan^2\left(45 + \frac{\varphi}{2}\right)e^{\pi\tan\varphi} = 3.93$$

$$N_c = \frac{N_q - 1}{\tan15°} = 10.93$$

$$\frac{\gamma_{m2}l_d N_q + cN_c}{\gamma_{m1}(h + l_d) + q_0} = \frac{19 \times (8 - h) \times 3.93 + 5 \times 10.93}{19 \times 8 + 10} > 1.8$$

解得 $h < 4.83$m。

【例题 4.6】某基坑底含有承水压层，已知不透水层的 $\gamma = 20$kN/m³。要求抗突涌稳定系数 $K_h \geqslant 1.1$，其余条件见图 4.41。求基坑的开挖深度是多少。

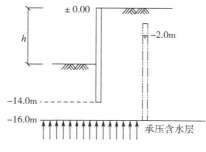

图 4.41 例题 4.6 图

解：设基坑开挖深度为 h。

$$K_h = \frac{D\gamma}{h_w \gamma_w} = \frac{(16 - h) \times 20}{(16 - 2) \times 10} \geqslant 1.1$$

解得 $h \leqslant 8.3$m。

4.5 实例分析

4.5.1 实例 1

4.5.1.1 工程概括

（1）工程基本情况。某改扩建宾馆的基坑工程，主楼地上 45 层、附楼 16 层、裙房 9 层，地下 5 层，基坑平面尺寸 118.8m×82.8m，基坑北部突出一部分的深度大约 22m，地下连续墙围护，标高 −3.2～28.95m。

（2）水文地质条件。第四纪地貌型态，南泐河一级阶地地貌单元，地面吴淞高程 16.19～17.29m，高差最大为 1.10m。

4.5.1.2 基坑变形计算

加权重度 $\overline{\gamma} = 19.4$kN/m³，$\varphi = 15.8°$，$c = 52.6$kN/m³，地面的超载为 $q = 25$kN/m³，墙体高 $H_z = 25.75$m，地下水位距离地面 1m 距离，基坑的开挖深度为 22m。基坑尺寸 118.8m×82.8m，$K = 0.3$。土体的不排水抗剪强度 $S_u = 106.07$MPa，坑底隆起稳定系数

$F_s \geqslant 1.8$，$N_c = 11.51$。

（1）地连墙最大水平位移值计算。采用经验统计法（表 4.5）。$\dfrac{\delta_{hmax}}{H} = 0.05\%$ 得基底的 $\delta_{hmax} = 22 \times 0.05\% = 11\text{mm}$。

⊡ 表 4.5　不同工况下地下连续墙最大水平位移

工况	地连墙最大水平位移/mm	工况	地连墙最大水平位移/mm
开挖至 2m	1.00	开挖至 13.65m	6.83
开挖至 4.9m	2.45	开挖至 17m	8.75
开挖至 10m	5.00	开挖至基底	11.00

（2）地表沉降计算。采用 Peck 法计算距基坑 4m 处沉降，$4/22 = 0.18$（m），$K = 0.3$，根据图 4.42 得到 $a = 0.2\%$。

$$\delta = 10KaH = 13.2\text{mm}$$

（3）坑底隆起计算。根据第 4 章中介绍的同济大学的基坑回弹方法，计算得回弹量。

$$S_e = -29.17 - 0.0167\gamma H' + 12.5\left(\frac{D}{H}\right)^{-0.5} + 0.637\gamma c^{-0.04}(\tan\varphi)^{-0.54} = 77.69\text{mm}$$

4.5.2　实例 2

4.5.2.1　工程概括

（1）工程简介。深圳某酒店拟建场地，地形平坦，两侧靠海。海积冲积平原为其主要地貌类型。地下室面积约 11.25 万平方米，基坑深度 7.8～15.95m，基坑平面图见图 4.42。

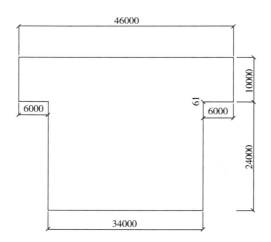

图 4.42　深圳某酒店基坑平面图

（2）工程地质条件。地形平坦，两侧靠海。场地土层自上而下分别为人工填土层、淤泥、粉质黏土、砾砂、砾质黏性土、风化花岗岩等。

（3）水位地质条件。水位埋深为 0～5.80m，高程为 0.75～5.59m，平均高程 3.02m。

地下水位年变化 1～2m。潮位基准面的相对关系图见图 4.43。

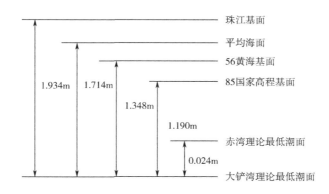

图 4.43 潮位基准面的相对关系图

4.5.2.2 支护方案设计

（1）支护结构参数确定。深基坑支护方案确定为：放坡＋排桩（内支撑）＋搅拌桩止水帷幕。

① 放坡。拟建场地分两级放坡，深度为 6.02m，由于该酒店工程周边存在其他工程，其基础部分施工结束后不能立即回填至地面，建筑底标高－1.82m。

② 灌注桩。混凝土钻孔灌注桩，桩径 1.2m，桩长 17m，间距 1.60m，嵌入深度 7m。详细参数见表 4.6。

表 4.6 灌注桩参数

项目	参数	项目	参数
桩长/嵌入深度/m	17/7	桩的纵筋级别	HRB400
桩间距/m	1.6	桩的螺旋箍筋级别	HRB335
桩径/mm	1200	桩的螺旋箍筋间距/mm	150
混凝土保护层厚度/m	0.05	混凝土强度	C35

③ 冠梁和腰梁。冠梁和腰梁的主要作用是使基坑的整体稳定性得到提高。冠梁的尺寸确定为 1200mm（宽）×1000mm（高），混凝土强度等级大于 C30，主筋为 14 ϕ 18，箍筋为 ϕ 8@200。腰梁尺寸为 1200×800mm（h），只设置一处。

④ 内支撑。内支撑参数：选用 ϕ 800mm×16mm 的钢管，设置一道，水平间距 6.0m，轴力最大设计值为 1176.47kN/m。

⑤ 联系梁。联系梁尺寸 400mm×600mm。

（2）支护结构内力。内支撑最大反力 1176.47kN，灌注桩内侧 $M_{max}=1116.47$kN·m，外侧 $M_{max}=765.63$kN·m，$V_{max}=464.63$kN。

4.5.2.3 深基坑稳定性验算

（1）深基坑稳定性分析内容

① 基坑土体抗渗流稳定性。

② 基坑底抗隆起稳定性。

③ 支护抗倾覆稳定性。

④ 基坑整体稳定性。

（2）深基坑稳定性计算

① 钢支撑稳定性验算。钢支撑轴力设计标准值为

$$N = \gamma_0 N'_{max}$$

钢管稳定性验算：钢支撑两边铰接且为轴压构件，有

$$N \leqslant \phi A f_c$$

$$\lambda = \frac{l}{\sqrt{\dfrac{\pi(R^4 - r^4)}{32A}}}$$

式中 　A ——钢支撑的截面积，m^2；

　　　　R ——钢管外径，mm；

　　　　f_c ——钢支撑设计值，kPa；

　　　　l ——钢管的计算长度，m；

　　　　ϕ ——稳定系数；

　　　　λ ——构件长细比；

　　　　r ——钢管内径，mm。

钢支撑：Q345 钢，$f_c = 250MPa$，截面外径 800mm，管壁厚 16mm。钢支撑轴力 1176.47kN。

轴力设计值如下。

$$N = 1.1 \times 1176.47 = 1294.12kN$$

$$A = \frac{1}{4}\pi(800^2 - 768^2) = 39408.14(mm^2)$$

$$I = \frac{\pi}{32}(800^4 - 768^4) = 6.06 \times 10^9 (mm^4)$$

$$i = \sqrt{\frac{I}{A}} = 392.1mm$$

钢管计算长度 $l = 34600mm$，则有

$$\lambda = \frac{l}{i} = \frac{34600}{392.1} = 88.2$$

查表得 $\Phi = 0.753$。

$$\Phi A f_c = 0.753 \times 39408.14 \times 250 = 7418.58(kN) > 1294.12(kN)$$

选用钢管满足要求。

② 基坑整体稳定验算。采用瑞典条分法，总应力状态，条分法中的土条宽度为 1.00m。滑裂面数据（单位 m）：圆弧半径 $R = 17.800$；圆心坐标 $X = -2.594$；圆心坐标 $Y = 10.391$。

整体稳定安全系数 $K_s = 2.2712 > 1.2$，满足要求。

③ 抗倾覆稳定性验算。抗倾覆安全系数计算：

$$K_s = \frac{M_P}{M_a}$$

以实际锚固长度计算锚固力。

工况1：

$$K_s = \frac{15855.23 + 0.000}{7399.787} = 2.16$$

$K_s = 2.16 > 1.2$，满足要求。

工况2：

$$K_s = \frac{15855.23 + 16411.764}{7399.787} = 4.396$$

$K_s = 4.396 > 1.2$，满足要求。

工况3：

$$K_s = \frac{3320.926 + 16411.764}{7399.787} = 2.688$$

$K_s = 2.688 > 1.2$，满足要求。

工况1的安全系数最小。最小的 $K_s = 2.16 > 1.2$，满足要求。

参考文献

[1] 方春波. 软弱地层深基坑预应力管桩桩锚支护型式中抗弯技术及其应用 [D]. 广州：中山大学，2010.

[2] 郭大奇. 城市中心区地下空间开发利用模式探索 [J]. 城市住宅，2018（4）：35-39.

[3] 王佩. 黄土地区深基坑桩锚支护结构稳定性可靠度分析 [D]. 西安：西安科技大学，2020.

[4] 李光. 紧邻已有建筑物的基坑支护模拟分析 [D]. 合肥：合肥工业大学，2012.

[5] 邵羽，江杰，马少坤，等. 考虑孔隙比和渗透系数随土体当前应力变化的深基坑降水开挖变形分析 [J]. 土木建筑与环境工程，2015（2）：92-100.

[6] 赵敏，孟令冬. 止水帷幕对控制基坑周边沉降的有限元分析 [J]. 建筑，2017（1）：46-47.

[7] 林思远. 地铁深基坑开挖变形规律分析及沉降预测方法研究 [D]. 长春：吉林大学，2022.

[8] 代运. 岩溶地区深基坑支护方法研究及稳定性分析 [D]. 贵阳：贵州大学，2021.

[9] 贾瑞晨，甄精莲. 深基坑变形的 ABAQUS 有限元分析 [J]. 江西建材，2021（2）：182-183.

[10] 赵平，王占棋. 深基坑开挖引起的地表沉降变形分析 [J]. 安徽工程大学学报，2022，37（5）：73-79.

[11] 俞强. 紧邻深基坑非同步开挖共用地下连续墙设计与变形特性实测分析 [J]. 建筑科学，2022，38（3）：129-138.

第**5**章

软土地区深基坑开挖变形特性与预测模型

5.1 概述

5.1.1 深基坑开挖对周边环境的影响研究现状

进入 20 世纪后，在国内外都兴起了高层建筑以及复杂建筑的建设之风。深基坑工程的应用需求越来越大，对其设计、施工和管理等方面的要求越来越高。由于深基坑周边环境条件越发复杂，对于设计人员和施工人员来说，都要尽可能考虑如何把深基坑的施工对周围环境影响降到最低，在保证工程安全的同时，不对周边建筑物和结构设施造成较大的影响。自从 30 年代以来，太沙基等人奠定了岩土工程的理论基础，对岩土工程问题进行了大量的研究，到 80 年代后，我国经过了改革开放的发展，城市化的进程不断加快，基坑的规模、深度越来越大，建设条件也是越发复杂，出现了很多新的计算方法、研究模式、施工工艺等，为深基坑的发展提供了广阔的舞台。基坑开挖会导致土体应力场的改变，土层扰动和土体应力的释放，会造成支护结构的变形、坑底隆起以及周边地表沉降等现象，如果变形过大将会存在安全隐患甚至直接导致基坑工程安全事故的发生。无论是国内还是国外的相关学者，都在基坑开挖对周边环境影响这一方面进行了深入的研究，从试验和理论方面都有了大量的研究成果，对深基坑工程的设计、施工和管理方面都有了很大的改善。

进入 21 世纪后，我国的深基坑工程技术已经得到了很大发展，基坑工程学出现在人们的视野当中，并渐渐成为岩土工程学科中一门新的分支学科，深基坑的设计理论、施工工艺水平和管理水平都已有了较大的提高。各个专家学者们也不再局限于对深基坑工程本身的研究，开始重视基坑工程引起的周边环境变形。另外，深基坑工程的受制因素有很多，不仅是工况和地质条件，周边建筑物同样会影响深基坑工程的开挖。因此，受到多种相关因素影响的深基坑工程对周边环境的影响越来越受到人们的重视。

经过对大量专家学者研究成果的总结，在目前的情况下，深基坑对周边环境的影响主要有三方面，分别是坑底隆起、支护结构变形和深基坑周围地面沉降。随着科学技术的发展，有限元分析的方法在工程领域中的应用越来越多，这种方法能够对深基坑的开挖以及周边环境进行真实的模拟，可以对深基坑周边环境受到的影响进行准确的分析，具有非常重要的工程意义。

5.1.2 深基坑开挖的环境效应

地下深基坑工程开发的条件越来越高，地质条件越发复杂，软土地区的深基坑工程更加具有挑战性。软土深基坑工程不能仅仅考虑自身结构的技术和安全性问题，在深基坑施工安全的基础上，要综合考虑深基坑施工产生的环境效应。环境对于基坑工程来说是紧密联系的，在深基坑施工过程中，土体被挖走，将导致基坑周围剩余土体的应力重分布，改变土体应力场和地下水的稳定，一旦有设计和施工中的错误，就很可能会导致基坑周围发生地面沉降和其支护结构的变形等，如果深基坑周围的环境条件复杂，还可能导致周边建筑物和地下管线发生损坏等情况。

由于深基坑工程的环境效应主要可能导致出现以下问题：

（1）由于深基坑附近地面沉降，基础设施正常使用受到影响；

（2）道路路面受到深基坑施工的影响而发生断裂；

（3）深基坑的施工导致地下管线破裂，从而导致附近居民的正常生活受到影响；

（4）导致周边建筑物的变形过大，超过其本身的变形允许值，从而发生开裂、倾斜甚至倒塌。

5.2 软土深基坑开挖对周边环境的影响

5.2.1 深基坑开挖附近建筑物变形控制研究

5.2.1.1 深基坑开挖导致周边建筑物变形的基本理论

深基坑在施工过程中，由于土体的应力释放，可能导致基坑周围土体的变形甚至沉降，如果变形过大会影响到基坑周围的建筑物，影响其正常使用并且威胁建筑物的安全。

（1）深基坑开挖导致附近建筑物变形的机理。由于围护结构导致的建筑物变形，主要表现在两个方面：一个是围护结构发生破坏，丧失其使用功能，导致基坑边坡发生失稳，因此使邻近的建筑物产生侧移和变形；另一个是支护结构的变形太大，从而导致周围建筑物产生变形。主要从以下三方面阐述其机理。

① 土体应力状态发生变化。在深基坑施工时，由于土体的应力释放，导致形成塑性区域，不同地面沉降量也不一样，这种不同地面间的沉降差值会使建筑物基础发生不均匀沉降。

② 围护结构的变形。深基坑开挖过程中，土体的内力发生重分布，其应力状态在不断地改变，基坑开挖的深度越大，基坑内土体和坑外土体的高度差也就越大，这种高度差会使围护结构发生变形，从而引起基坑附近建筑物的变形，基坑附近的建筑物沉降受到距离基坑施工位置远近的影响，距离不同其沉降量也会不同，因此邻近建筑物会有差异沉降，如果沉降的差值太大，可能使建筑物发生开裂，甚至导致结构损坏。

③ 围护结构的破坏。围护结构的重要性不言而喻，其支撑着基坑的稳定以及控制基坑的变形，一旦围护结构发生破坏，丧失支撑作用，基坑会产生较大的变形，甚至发生失稳破

坏，附近的建筑物发生变形的可能性大大提高。

基坑降排水同样可以引起周边建筑物的变形。对基坑降排水导致建筑物变形的情况主要有三方面原因：水分可以在土体的孔隙中存在，基坑降排水的过程就是把土体孔隙中存在的水分排掉，土体的体积会变小，软土的压缩性比较高，一旦水分排出，其土层体积会变小，从而导致建筑物沉降；软土的流动性好，在降排水的过程中，土体会随着水分的排出而流动，因此土体会发生变形，建筑物也难以不发生沉降；土层有承压水的存在时，动水压力过大，会使水流冲破土体，造成土体破坏，导致周围建筑物发生不均匀沉降。

（2）基坑开挖对建筑物基础的影响

① 深基坑施工给建筑物基础带来影响的探究。有学者经过工程实例和试验研究，得到了基坑施工对建筑物基础的影响范围，按下式计算。

$$\frac{\Delta H}{B} \leqslant 0.5 \sim 1.0$$

式中　　B ——建筑物和基坑之间的距离；

　　　　ΔH ——基坑底部的标高和建筑物基础底部标高之间的差值。

② 土层损失理论。由于基坑施工而导致周围地表产生沉降的原因，可以用土层损失理论进行解释，此理论在预测基坑开挖进程中建筑物位移规律的同时，还可以对基坑周围土体的沉降量进行计算。基坑周围地质条件及其支护结构类型和形式都会对基坑周边地表沉降的发生有着较大的影响。在施工时，由于土体的应力释放和支护结构变形等原因，导致建筑物发生沉降，通过支护结构的位移规律从而对周边建筑物的位移规律进推断。

5.2.1.2　基坑开挖对附近建筑物的影响

在深基坑施工的整个过程中，可以看出周边地表沉降是影响附近建筑物的主要原因，如果基坑周边地表的沉降较大，附近建筑物会在其上部产生挠曲变形，建筑物墙体受到的拉应力会增大，情况严重时可能导致结构发生失稳甚至倒塌破坏，如图 5.1 所示。

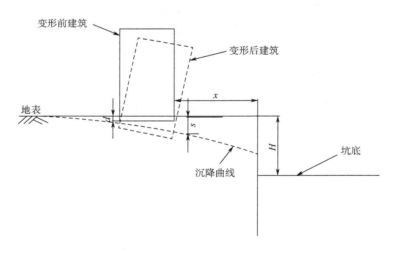

图 5.1　建筑变形示意

x—建筑距基坑边距离；d—建筑物基础埋深；s—沉降；H—基坑开挖深度

基坑开挖引起周围地层沉降主要分为三个阶段。

（1）在支护结构的施工阶段。比如支护结构在设置排桩时或者地连墙成槽的情况下，就发生了围护结构外侧土体向坑内挤压，因此导致周边地表发生沉降。当地表发生沉降时，离基坑在一定距离内的建筑物都会产生或大或小的竖向位移，随着距离基坑的位置越近，受到的影响越大。因为支护结构变形过大而产生的地表沉降，其沉降值最多为基坑全部沉降的一半。

（2）在基坑的开挖过程中，基底隆起量过大和支护结构的位移没有得到控制，因此使基坑周围地表发生沉降。基坑的开挖深度在不断增大过程中，基坑土体的部分区域发展为塑性区域，进而产生塑性隆起，支护结构外侧的土体不断向坑内挤压，导致外部地表沉降。由于软土地区土质的特性，其基坑周围地表更易发生沉降。

（3）在基坑开挖完成后。基坑开挖完成后，土体的沉降仍然在缓慢进行，还会随着时间的流逝而慢慢累计，直至达到一个稳定的状态，这是因为土体的独特的流变效应和固结属性。

5.2.1.3 建筑物破坏形式

深基坑在开挖的过程中会使其附近的土体产生位移其至地表沉降，距离基坑不同位置的土体其位移量也不同。通常情况下，如果周边建筑物离基坑较近的话，建筑物会由于土体的变形受到更多的应力作用，当这种增多的应力过大时，就会影响建筑物的使用功能，严重时导致建筑物破坏。基坑附近建筑物的主要破坏形式有以下四种。

（1）地表均匀沉降。当地表发生均匀沉降时，基坑附近的建筑物会整体向下位移。通常来说，这种均匀沉降只要不是很大，就不会破坏建筑物的使用功能，也不会对其结构稳定性造成影响，如果太大的话，仍然会使建筑物破坏，如图 5.2 所示。

图 5.2 均匀沉降破坏形式

（2）地表倾斜。地表倾斜就是建筑物一边的竖向位移大于另一边的竖向位移，这是由于地表的不均匀沉降而产生的。这种不均匀沉降会导致建筑物倾斜，严重威胁建筑物的安全。地表倾斜对高层建筑物的影响要大很多，基坑施工过程中，要严格控制此类破坏形式的发生，如图 5.3 所示。

（3）地表曲率损害。这种破坏形式是由于地表发生弯曲而导致的，主要受到地表变形方式的影响。如果建筑物的底部两端发生悬空，墙体出现的裂缝为倒八字形，那么地表的弯曲曲率为正（向上凸起）；如果建筑物底部中间段悬空，墙体出现的裂缝为正八字形，那么地表的弯曲曲率为负（向下凹进），如图 5.4 所示。

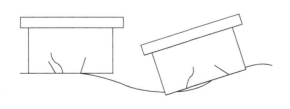 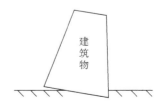

图 5.3 地表倾斜破坏形式　　　　　　**图 5.4** 地表曲率破坏形式

（4）地表水平变形损害。拉伸变形与压缩变形是地表水平变形的两种表现形式。建筑物对于拉力的作用是很敏感的，其对拉力的承受能力很差，在拉力的作用下建筑物很容易发生破坏。建筑物受到拉力作用时，墙体的裂缝呈现出向下的趋势；建筑物受到压缩作用时，墙体裂缝形式主要为水平向以及褶皱式的，如图5.5所示。

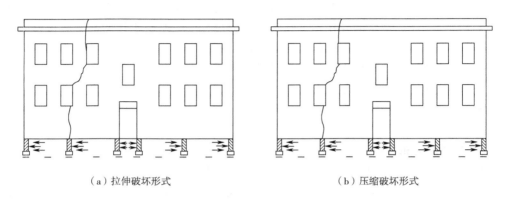

（a）拉伸破坏形式   （b）压缩破坏形式

图5.5 表水平变形损害

5.2.1.4 影响建筑物变形的因素

（1）基坑开挖深度。基坑周围土体的变形程度取决于基坑的开挖深度，在基坑的开挖过程中，伴随着开挖面下土体不断地被挖走，基坑周围土体的应力-应变在不断变化，土体的变形将会影响到周围的建筑物，基坑开挖的深度越大，那么周围建筑物受到的影响就越大。

（2）结构相对位置。深基坑开挖对周围土体变形的影响是有一定范围的，周边建筑物距离基坑的位置不一样，受到的影响也是不同的。通常情况下，建筑物越靠近基坑，受到的影响越大，发生的变形和沉降也越大。

（3）结构本身刚度。基坑周围土体发生变形是导致周边建筑物产生变形的原因，对于建筑物本身来说，其受到基坑开挖影响的大小还与自身的结构刚度有关，刚度的大小代表着结构本身的抗变形能力的强弱，结构的刚度越大，其抗变形能力越强；反之，就越弱。

（4）结构物基础形式。建筑物的基础形式对其本身沉降量的大小有着重要的影响，对于那些刚度大、整体性好的基础，比如箱型基础等，其抵抗变形能力好，就要比刚度小的基础受到的基坑开挖影响小。

5.2.1.5 邻近建筑物允许变形分析

基坑开挖过程中，周围建筑物会受到土体变形和其本身自重的共同影响，从而发生不同程度的沉降。如果建筑物的变形或沉降较大，将会对结构的使用功能造成影响，甚至威胁其安全性。所以，对建筑物的变形进行严格把控，保障建筑物的安全是非常重要的。建筑物的变形控制有许多规范标准。在《建筑地基基础设计规范》（GB 50007—2011）中关于建筑物的变形值做出了相应的规范要求，如表5.1所示。

在深基坑的开挖过程中，由于土体的流动性和固结，基坑周边建筑物已经在重力的作用下有了一定的沉降。在此情况下，一般认为建筑物受到基坑开挖而产生的沉降，其数值不可以大于建筑物容许的沉降值。由于建筑物和土体之间的联系复杂及建筑物本身的刚度大小状况，再加上已经发生的沉降大小没有准确数值，因此，想要保障基坑周围建筑物的安全，需要正确把握在基坑开挖施工过程中的沉降变形（表 5.2）。

☐ 表 5.1　建筑物地基变形容许值

建筑物倾斜度 （水平位移与楼高的比值）	$H_g \leqslant 24$	0.004
	$24 < H_g \leqslant 60$	0.003
	$60 < H_g \leqslant 100$	0.0025
	$H_g > 100$	0.002
简单的高层建筑平均沉降量/mm	200	

注：H_g 代表自室外地面算起的建筑物高度（m）。

☐ 表 5.2　不同结构建筑物容许变形值

建筑物类型	建议角变形（δ/L）
砌体结构	0.002
多层框架结构（独立基础）	0.002
多层框架结构（筏板基础）	0.004
多层框架结构（桩基础）	0.003

注：δ 为变形量（mm）；L 为相邻柱基的中心距离。

5.2.2　地下管线受深基坑开挖的影响

5.2.2.1　管线变形机理

在基坑的开挖施工过程中，由于土体的应力释放，其应力-应变发生变化，基坑周边土体产生变形。尽管管线的刚度比土体的刚度大，也具有一定程度上抵抗变形的能力，但是如果土体的应力和位移变化较大，地下管线有可能在土体应力作用下发生变形，严重时可能破损。在深基坑施工的过程中，尤其是软土地区，一定要重视对土体开挖对地下管线的影响。

通常研究人员按照结构刚度把地下管线分为柔性管线和刚性管线两种。对于监测管线是否损坏，常用的方法有解析法和数值模拟法等方法。在实际工程中，数值模拟法的应用广泛，相较于解析法，其在实际工程中的应用更为贴切。对于管线变形的分析，常采用的分析模型有弹性地基梁模型、非线性联系模型以及土体弹簧模型等。在预测管线变形和监测其安全性等方面，弹性地基梁模型发挥着重要的作用。

在应用弹性地基梁法计算地下管线的变形时，专家学者们给出了三条假设前提：（1）假设地下管道的材料是弹性的且均匀分布；（2）地下管线一直和土体有着紧密接触，不会发生管线和土体有所分离的情况；（3）在变形计算中，用无限长的梁单元代替地下管线。

$$y = B_1 \mathrm{ch}\alpha x \cos\alpha x + B_2 \mathrm{ch}\alpha x \sin\alpha x + B_3 \mathrm{sh}\alpha x \cos\alpha x + B_4 \mathrm{sh}\alpha x \sin\alpha x$$

式中　α——特征参数；

$B_1 \sim B_4$——待定常数。

在弹性地基梁法的基础上，有专家学者给出了另外一个计算地下管线变形的方法，如下式。

$$\frac{\mathrm{d}^4 \omega_p}{\mathrm{d}x^4} + 4\lambda^4 \omega_p = \frac{q}{E_p I_p}$$

$$K = K_1 + K_2$$

$$\lambda = 4\sqrt{\frac{K}{4E_p I_p}}$$

式中　　K——基床地基系数，MN/m^3；

　　　　λ——柔度指数，m^{-1}；

　　　　ω_p——地下管线任意一点的挠度，m；

　　　　I_p——地下管线的截面惯性矩，mm^{-4}；

　　　　E_p——管线弹性模量，MPa；

　　　　q——管线上受到的压力，kPa。

5.2.2.2　管线破坏机理

专家学者在工程案例和试验研究的基础上，总结出管线的破坏类型并对其进行划分，把管线的破坏类型共分为了五种形式，分别是：梁式断裂破坏；拉断破坏；剪断破坏；推断破坏和撬断破坏，如图 5.6 所示。

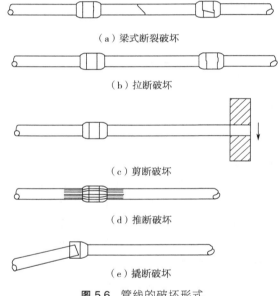

（a）梁式断裂破坏

（b）拉断破坏

（c）剪断破坏

（d）推断破坏

（e）撬断破坏

图 5.6　管线的破坏形式

由于管线材质不同，其刚度大小也不同，可以把管线分成两种，即柔性管线和刚性管线，相应地，其破坏形式也是不同的。柔性管线的破坏主要是由于土体变形而导致的。刚性管线由于其具有较大的抗变形能力，在深基坑开挖的过程中，管线本身没有因为土体变形而发生破坏，但是在管线和管线的连接位置，由于外力的作用而发生破坏，导致管线不能继续正常使用。两种管线的破坏形式如图 5.7 所示。

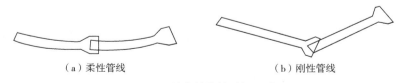

（a）柔性管线　　　　　　　　　　　　　（b）刚性管线

图 5.7　两种管线的破坏形式

第一种破坏形式发生的原因主要是由于土体的变形导致的，在深基坑开挖施工的过程中，随着土体不断被挖走，基坑内侧和外侧的压力差不断增大，基坑周边土体的内力释放，土体受到扰动，进行内力重分布，土体发生位移并影响到地下管线，当土体变形和沉降作用在地下管线上的应力大于其本身承载力时，就会发生第一种破坏。第二种破坏形式主要是由于管线的连接处受到弯曲应力的作用，并且弯曲应力大于管线连接处所能承受的最大弯曲应力，管线就会发生此类破坏。

5.3 软土基坑周边建筑变形预测与模拟

5.3.1 坑外地表沉降预测公式

5.3.1.1 地表沉降计算模型

有专家学者提出当基坑的支护结构采用围护桩和内支撑的方式时，基坑周围土体沉降偏向于偏态分布的模式。对于地表沉降的计算模型如下。

（1）对于地表沉降曲线的模型，假设其呈偏态分布，函数表达式如下。

$$\delta_{v1}(x) = \frac{S_W}{(\sqrt{2\pi})wx} e^{-\frac{\left[\ln\left(\frac{x}{2xm}\right)\right]^2}{2w^2}}$$

式中　δ_{v1}——基坑外地表沉降，cm；

　　　x——沉降点与基坑的距离，m；

　　　S_W——沉降曲线包围的面积，m·mm；

　　　x_m——地表沉降最大处到基坑的距离，m，一般情况下，软土取（0.5～0.7）H，土层一般取（0.25～0.5）H，H 为基坑开挖深度（m）；

　　　w——经验系数，对于软土基坑通常取 0.60～0.70。

（2）根据基坑的变形数据，可以得到地表的最大沉降（δ_{vmax}）和桩体的最大位移（δ_{kmax}）之间有较为稳定的比例关系，同时，基坑外侧地表的最大沉降发生的位置（x_m）和基坑开挖深度之间也具有较为稳定的关系。

$$\delta_{vmax}(x_m) = \delta_{vmax} = k\delta_{hmax}$$

$$\delta_{v1}(x) = \frac{1.417akH\delta_{hmax}}{x}\exp\left\{-0.726\left[\ln\left(\frac{x}{2aH}\right)\right]^2\right\}$$

式中　a——反映围护结构插入自基坑底面以下土体深度的影响系数。

受到基坑开挖的影响，可能产生沉降的范围为 2～4 倍的基坑深度或者 1.5 倍的支护结构长度。δ_{vmax} 可以由下式计算。

$$\delta_{hmax} = 1.4\delta_{vmax}$$

k 的取值可以为 0.714。

当插入比 $h_d/h \leqslant 0.5$ 时，$\alpha \in (0.5 \sim 0.6)$；当 $h_d/h > 0.5$ 时，$\alpha \in (0.6 \sim 0.7)$。

有学者通过试验研究表明，基坑周边建筑物层数较多时，其受到的基坑开挖的影响比较大，建筑物的沉降值和土体沉降值之间的差值较大。

5.3.2 软土深基坑变形预测模型研究

5.3.2.1 灰色系统预测模型

1982 年，邓聚龙教授在此方面进行大量研究，提出了灰色理论，经过多年的发展，该理论已经在农业、岩土工程等多个领域有了大量的应用。生成、建模、预测是该理论的基本步骤。

通过灰色理论能把原始数据序列中那些规律性比较弱的数据进行累加，从而生成有规律性的数列。进行深基坑分析时，灰色特点表现得极其突出，主要是从三个方面来表现，即联系性、动态性和系统性。深基坑的变形和许多种因素都有关联，并且其变形是一个不断动态变化的过程，对深基坑的监测数据具有灰色的性质，存在着已知和未知的信息，灰色变形系统同样适用于深基坑工程；在影响深基坑变形的种种因素中，它们之间又存在着相互关联，而这相互间的联系又难以用一定的公式或者规律进行说明，这就是灰色理论。灰色理论的系统性是指在深基坑变形的影响因素中，有些因素是可以量化的，有些是不可以量化的，尽管有些因素可以量化，但是其量化也是随机改变的，具有不可控性。深基坑的变形充满了灰色性质，因此比较适用于灰色理论对其变形进行预测。

(1) GM(1.1) 模型理论。通过微分方程的方法将已知因素进行拟合，从而对数据变化的动态过程进行描述，最终达到对目标进行预测的目的，这就是灰色系统 GM（1，1）模型。此模型实际上就是把时间序列按照一阶微分方程的形式来表达出来，记为 GM(1,1) 模型。

① 构造累加数列。假设存在一个不为负的序列

$$X^{(0)} = \left[X^{(0)}(1)，X^{(0)}(2)，X^{(0)}(3)，\cdots，X^{(0)}(n)\right]$$
$$X^{(0)}(k) \geqslant 0，k = 1，2，\cdots，n$$

式中　　n ——时间序列长度。

$X^{(1)}$ 为 $X^{(0)}$ 的一次累加序列，有

$$X^{(1)} = \left[X^{(1)}(1)，X^{(1)}(2)，X^{(1)}(3)，\cdots，X^{(1)}(n)\right]$$
$$X^{(1)}(k) = \sum_{i=1}^{k} x^0(i) \qquad k = 1，2，\cdots，n$$

② 生成背景值。$Z^{(1)}$ 是 $X^{(1)}$ 紧邻的均值所生成的序列。

$$Z^{(1)} = \left[z^{(1)}(1)，z^{(1)}(2)，z^{(1)}(3)，\cdots，z^{(1)}(n)\right]$$
$$z^{(1)}(k) = 0.5\left[X^{(1)}(k) + X^{(1)}(k-1)\right]$$

③ 影子方程。通常将下式称为 GM（1，1）模型的影子方程。

$$\frac{\mathrm{d}x^{(1)}}{\mathrm{d}t} + a\,x^{(1)} = b$$

④ 对微分方程系数进行求解，令

$$C = (a，b)^{\mathrm{T}} = (\boldsymbol{B}^{\mathrm{T}}\boldsymbol{B})^{-1}\,\boldsymbol{B}^{\mathrm{T}}\boldsymbol{Y}$$

式中

$$\boldsymbol{B} = \begin{pmatrix} -0.5\left[X^{(1)}(1) + X^{(1)}(2)\right] & 1 \\ -0.5\left[X^{(1)}(2) + X^{(1)}(3)\right] & 1 \\ \vdots & \vdots \\ -0.5\left[X^{(1)}(n-1) + X^{(1)}(n)\right] & 1 \end{pmatrix} \qquad \boldsymbol{Y} = \begin{pmatrix} X^{(0)}(2) \\ X^{(0)}(3) \\ \vdots \\ X^{(0)}(n) \end{pmatrix}$$

对微分方程进行求解得到 a 和 b 的值，其中 a 为发展系数，可以对预测出的值反映其规律，b 是背景值中的数据。

⑤ 对方程累计解和还原值进行求解。通过求解得出 GM（1，1）模型的时间相应数列，如下所示。

$$x^{(1)}(k) = \frac{b}{a} + \left[X^{(0)}(1) - \frac{b}{a} \right] \mathrm{e}^{-a(k-1)}$$

还原值是

$$x^{(0)}(k) = x^{(1)}(k) - x^{(1)}(k-1)$$

（2）GM（1.1）模型精度检验方法。灰色模型的构建是对数据进行累加原始序列，生成背景值等的过程，可以通过预测模型的精度来对灰色理论模型的精度进行判断。预测模型一般有三种，分别是均方差比值检验模型、残差检验模型以及小误差概率检验模型。

残差检验模型的原始数据序列如下。

$$X^{(0)} = \left[x^{(0)}(1)，x^{(0)}(2)，x^{(0)}(3)，\cdots，x^{(0)}(n) \right]$$

经过求解后得到的预测数据序列如下。

$$X^{(0)} = \left[x^{(0)}(1)，x^{(0)}(2)，x^{(0)}(3)，\cdots，x^{(0)}(n) \right]$$

残差公式为

$$\varepsilon(k) = \frac{x^{(0)}(k) - x^{(0)}(k)}{x^{(0)}(k)} \times 100\%$$

平均残差为

$$\varepsilon(\mathrm{avg}) = \frac{\sum\limits_{k=2}^{n} \left| \varepsilon(k) \right|}{n-1}$$

模型精度为

$$\rho = \left[1 - \varepsilon(\mathrm{avg}) \right] \times 100\%$$

对于均方差比值检验模型，考察残差值的大小；而对于小误差概率检验模型，考察与其有关联的指标值。

假设原始数据序列有 n 个数，那么均值如下式。

$$x(\mathrm{avg}) = \frac{\sum\limits_{k=1}^{n} x^{(0)}(k)}{n}$$

残差均值为

$$q(\mathrm{avg}) = \frac{\sum\limits_{i=2}^{n} x^{(0)}(k)}{n-1}$$

方差为

$$S_1^2 = \frac{1}{n} \sum_{k=1}^{n} \left[x^{(0)}(k) - x(\mathrm{avg}) \right]^2$$

预测残差为

$$S_2^2 = \frac{1}{n-1} \sum_{k=2}^{n} \left[q^{(0)}(k) - q(\mathrm{avg}) \right]^2$$

① 均方差比值 $C = S_1 / S_2$，当 C 小于某个数值时该模型合格。

② 小概率频率 $p = P \mid q(k) - q(\text{avg}) \mid < 0.6745 S_1$，当 p 小于某个数值时该模型合格。

③ 灰色模型的精度评估可以用均方差比值和小概率频率，一般情况下，C 值越小，说明精度越高，预测值就越靠近原始数据序列。C 的等级按如下划分：一级，$C < 0.35$；二级，$0.35 < C < 0.50$；三级，$0.50 < C < 0.65$；四级 $0.65 < C < 0.80$。p 值越大表示模型精度越高，其等级划分如下：一级，$p > 0.95$；二级，$0.95 > p > 0.80$；三级，$0.80 > p > 0.70$；四级，$0.70 > p0 > 0.60$。通过灰色理论对变形预测结束后，可以用精度评定对模型进行评测精度等级。

5.3.2.2　BP 神经网络模型

深基坑的影响因素很多，其变形是没有规律的，因此是一个非线性的变形，但是其影响因素会随着时间流逝而有迹可循。灰色理论的预测结果有一定的惯性现象，在曲线变化率没有什么波动的情况下，对于预测的结果较为准确；但是当曲线变化率波动较大时，由于惯性的作用，在变化率波动的过程中，精度受到的影响比较大，其预测结果偏差较大，需要工作一段时间后才能得到纠正。

由许多神经元连接而成的网络称为神经网络，它能够对人类大脑进行模拟，其具有很强大的学习能力并且能对问题进行非线性处理。深基坑是一个非线性的系统，因此很适合采用神经网络的方法对其变形进行拟合和预测，在设计、施工和管理等方面都有着借鉴意义。

神经网络模型中常见并且常用的一种模型为 BP 神经网络，根据误差进行反向传播，不断调整网络的权值和阈值，使其沿下降速度最快的方向下降，直至网络误差达到最小值。

（1）BP 神经网络结构。BP 神经网络由输入层、输出层以及隐含层三部分构成（图 5.8）。输入层的功能是在接收数据的同时把数据传递给隐含层。隐含层收到输入层传递来的数据后及时进行处理运算，如果隐含层的层数过多，会使训练时间增加，网络更加复杂，尽管它能使数据信息更为准确；但是隐含层的层数过少的话，会使数据精度降低，因此隐含层的层数选择要科学合理。隐含层将处理过的数据传递给输出层，数据在输出层再次被处理并最终输出。

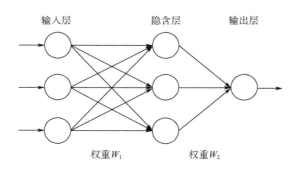

图 5.8　BP 网络结构

（2）BP 神经网络算法思路。分成两个过程对 BP 神经网络进行训练，就是对数据进行正向传输和反向传输的过程。

从输入层输入数据，然后将数据传给隐含层，在隐含层对数据进行处理运算，这是信号的正向传输过程。在隐含层对数据进行处理时，其权重和阈值会有相应的改变，将处理过的数据沿着神经网络传送到输出层。如果数据在隐含层经过处理后其输入到输出层的值不能满足和期望值之间的误差要求时，信号就会进行反向传输，这时就会按照从后往前的顺序，依据误差值计算每层之间的误差，调整每层的权重和阈值，对权重矩阵进行修改，重新计算，在这个过程中误差是和输出信号反方向进行逐级传递的。

对正向和反向传输两个过程不断反复地进行，使误差值不停地减小，直至结果收敛，数据的处理才算完成。

5.3.2.3 Elman 神经网络预测模型

Elman 神经网络是由 Elman 于 1990 年提出的，因此就以其名字而命名，该神经网络模型刚被提出时主要用于处理语言问题。该网络模型采取了在 BP 神经网络的隐含层中增加一个承接层的方法来使其能够完成记忆，增加的承接层可以当作一个延时算子，使系统具有对进一步的动态过程的特性有着更加直观的反映，在一定程度上有了对时变特性进行适应的能力。

（1）Elman 神经网络结构。Elman 神经网络属于反馈型神经网络的一种形式，并得到了比较广泛的应用。相较于 BP 神经网络，其多了一个承接层，共有四层，如图 5.9 所示。

Elman 神经网络可以运用其本身自联方式的特性来达到动态建模的目的，其在隐含层上多一个承接层，可以对来自隐含层的输出进行存储，并且能够在下次运行时对隐含层进行反馈，正是由于其具有内部反馈网络和自连方式的特性，不仅能够使其对神网络的动态信息进行更好的处理，还可以更加敏感地对历史数据进行处理。

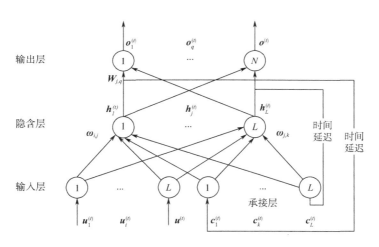

图 5.9 Elman 神经网络结构

（2）Elman 神经网络学习算法。令 $u(k-1) \ni R^z$ 为神经网络的外部输入，$y(k) \in R^{ym}$ 为输出，如果将隐含层的输出记为 $x(k) \in R^z$，那么可以用下式对 Elman 神经网络的非线性状态进行表达。

$$y(k) = g\big[\boldsymbol{\omega}^3 \boldsymbol{x}(k)\big]$$
$$\boldsymbol{x}(k) = f\big[\boldsymbol{\omega}^1 \boldsymbol{x}_c(k) + \boldsymbol{\omega}^2 \boldsymbol{u}(k-1)\big]$$
$$\boldsymbol{x}_c(k) = \boldsymbol{x}(k-1)$$

式中 k ——时刻；

$\boldsymbol{x}_c$ ——一维反馈状态向量；

x ——隐层节点向量；

u ——输入向量；

y ——输入向量；

$\boldsymbol{\omega}^1$ ——连接权值矩阵（隐含层与承接层）；

$\boldsymbol{\omega}^2$ ——连接权值矩阵（隐含层与输入层）；

$\boldsymbol{\omega}^3$ ——连接权值矩阵（隐含层与输出层）；

$f(\cdot)$ ——神经元传递函数，在应用中选择 tansig 函数；

$g(\cdot)$ ——输出层传递函数，在应用中选择 purelin 函数。

因此可以得到

$$\boldsymbol{x}_c(k)=\boldsymbol{x}(k-1)=f\left[\boldsymbol{\omega}_{k-1}^1\,\boldsymbol{x}_c(k-1)+\boldsymbol{\omega}_{k-1}^2\,\boldsymbol{u}(k-2)\right]$$

因为 $\boldsymbol{x}_c(k-1)=\boldsymbol{x}(k-2)$，于是上式可以接着展开。这说明 $\boldsymbol{\omega}_{k-1}^1\,\boldsymbol{x}_c$，$\boldsymbol{\omega}_{k-1}^2\cdots$ 是 $\boldsymbol{x}_c(k)$ 在过去不同时间的所要依赖的连接权值矩阵。

Elman 神经网络所采用的算法可以一定程度地避免发生神经网络掉入到局部极小点，还可以提高神经网络的计算效率，这种算法是一种经过优化的梯度下降算法，可以自动适应学习速率。想要使神经网络输出层的误差平方和最小，就要不断地修改阈值和权值，这也是神经网络学习的目的。记 $y_d(k)$ 为系统第 k 部的输出向量，在时间区域 $(0，T)$ 内，可以用下式对误差函数进行定义。

$$E=\frac{1}{2}\sum_{k=1}^{T}\left[\boldsymbol{y}_d(k)-\boldsymbol{y}(k)\right]^2$$

若 E 分别对 ω^3 和 ω^2 求偏导，得到权值修正公式如下。

$$\Delta\omega_{1j}^3(k+1)=(1-mc)\eta\left[\boldsymbol{y}_d(k)-\boldsymbol{y}(k)\right]g(\cdot)\,\boldsymbol{x}_j(k)+mc\Delta\omega_{1j}^3(k)$$

$$\Delta\omega_{1j}^2(k+1)=(1-mc)\eta\left[\boldsymbol{y}_d(k)-\boldsymbol{y}(k)\right]f_j'(\cdot)\,\boldsymbol{u}_q(k-1)+mc\Delta\omega_{jq}^2(k)$$

式中，$j=1，2，\cdots，m$；$q=1，2，\cdots，n$；η 为学习速率；mc 为动量因子，默认取值 0.9。

5.3.2.4　GM-BP 神经网络方法

通过对已有的数据进行分析，找出其中存在的规律，并在此基础上对未知的数据进行预测，这是灰色系统所具备的能力，可以精确用于预测全部过程中的动态变化。通过微分方程构建模型，采用最小二乘法求解结果，最终得到预测模型。灰色理论对原始数据没有较高的要求，得到了广泛的应用，但是其同样具有缺点：（1）变化曲率波动较大时，其预测结果的精度受到惯性的影响而不太准确；（2）根据对灰色系统的运算原理进行分析，可以知道拟合和误差处理能力都不太强大，对原始数据处理的计算量小，精度不准确。

对于学习、计算和纠错能力都很不错的 BP 神经网络来说，其可以对原始数据不断地进行正向和反向输出，直至得到精度高的收敛结果。相较于灰色模型，BP 神经网络需要代表性好的原始数据序列，这样才能让预测结果更加准确，不然其结果的针对性就会大大降低；如果原始样本没有很多，具有代表性的数据较少，整体的学习和预测都会受到异常数据的影响，最终导致结果数据难以准确。只有保证拥有大量的样本并对其进行足够的训练才能最大限度地发挥 BP 神经网络的优点，达到其预期的精度。

对于深基坑工程，其可选择的样本少，影响因素不确定的情况普遍存在。灰色理论对于原始数据的要求不高，可以有效弥补神经网络需求大量原始数据的缺点。灰色理论还可以对数据序列的随机性进行弱化，避免了神经网络受到异常数据的影响，两者相互结合，可以弥补缺点，发挥优势，使数据预测的精度得到很大提高。

通常，灰色理论和 BP 神经网络相结合的方式，主要有下列三种，同时也是最常用的三种方式。

（1）嵌入式。灰色模型嵌入输入层和输出层的过程中，需要对灰化层和白化层的特点进行考虑，然后才能得到 GM-BP 神经网络模型，这是嵌入式的含义。

（2）并联式。用灰色模型和 BP 神经网络模型分别对原始数据进行预测，对两种方法预测出的结果进行加权平均运算，从而使预测结果更加准确。

（3）串联式。先用灰色理论对原始数据进行动态预测，建立动态的灰色模型，将灰色模型得出的预测值作为输入值输入到 BP 神经网络中，对此进行多次处理，最终得到精度高的结果。

针对 GM-BP 神经网络模型，下面是其建模步骤。

（1）应用曲线拟合模型的方法动态预测原始数据序列。

（2）依据 BP 神经网络的性能，将上一步骤中得出的预测值当作输入信号序列，以此对残差值进行计算。

（3）在 BP 神经网络中对计算出的残差值进行学习和训练，得到残差序列，最后的预测结果就是残差序列与原始值相加的结果。

5.3.2.5 灰色小波神经网络

通过函数表示或者对原始信号不断地进行逼近，这就是所说的小波变换。小波函数系的构成包括基本小波伸缩和平移。在这里，小波只对傅里叶变换的基进行了变换，用有限长且会衰减的小波基代替无限长的三角函数基，在代换的过程中，没有进行其他的傅里叶变换。

记 $\psi(t)$ 为基本小波函数，其在平移 b 后，与待分析的信号 $x(t)$，在不一样的尺度 a 下做内积。其表达式如下。

$$\psi_{a,b}(t) = \frac{1}{\sqrt{a}}\psi\left(\frac{t-b}{a}\right)$$

式中　$\psi_{a,b}(t)$ ——小波基函数；

　　　　a ——尺度因子；

　　　　t ——时间；

　　　　b ——时间因子。

$$WT_x(a,b) = \frac{1}{\sqrt{a}}\int_{-\infty}^{\infty} x(t)\psi\left(\frac{t-b}{a}\right)\mathrm{d}t = \int_{-\infty}^{\infty} x(t)\psi_{a,b}(t)\mathrm{d}t$$

式中　$WT_x(a,b)$ ——小波变换系数；

　　　　$x(t)$ ——时间序列。

其离散形式为

$$WT_x(a,b) = \frac{1}{\sqrt{a}}\Delta t\sum_{k=1}^{n} f(k\Delta t)\psi\left(\frac{t-b}{a}\right)\mathrm{d}t$$

传统的神经网络的优点是可以对非线性函数学习进行逼近以及对杂乱的信息进行综合，

但是也存在着不可忽视的缺点，即局部极小值的存在以及盲目地对结构进行设计。小波可以处理局部极小值存在的问题，通过对两者的相结合，分析小波的伸缩和平行，可以改掉神经网络的缺点。小波的多分辨分析再结合上神经网络可以对复杂的问题进行简化并使动态预测的精度得到提高，充分发挥两者的优势。

以 Morlet 小波函数为例，其是对称非正交小波的一种，得到了比较广泛的应用，可以在时间和频率局部化两者中找到一个较好的平衡点。

$$\psi(t) = e^{-\frac{t^2}{2}} \cos(1.75t)$$

式中　$\psi(t)$——母小波函数；

　　　t——时间变量。

以串联式组合方式为例，对灰色小波神经网络模型的建立步骤如下。

（1）应用曲线拟合模型的方法动态预测原始数据序列。

（2）依据小波神经网络的性能，将在上一步骤中得出的预测值当作输入信号序列，输出信号为实测值。

（3）在小波神经网络中对计算出的残差值进行学习和训练，得到最终结果。

【例题 5.1】以灰色理论为例，某深基坑的数据组合如下。

$$X_1^0：5.46，7.57，10.12，12.49，14.66，16.79，19.85$$
$$X_2^0：7.57，10.12，12.49，14.66，16.79，19.85$$
$$X_3^0：10.12，12.49，14.66，16.79，19.85$$
$$X_4^0：12.49，14.66，16.79，19.85$$

建立不同数据时间响应函数。

（1）$1-GAO$ 序列 X^1 生成。

$$X_1^1 = (5.46，13.03，23.15，35.64，50.3，67.09，86.94)$$
$$X_1^2 = (7.57，17.69，30.18，44.84，61.63，81.48)$$
$$X_1^3 = (10.12，22.61，37.27，54.06，73.91)$$
$$X_1^4 = (12.49，27.15，43.94，63.79)$$

（2）生成紧邻均值序列。

$$Z_1^1 = (9.25，18.09，29.40，42.97，58.70，77.02)$$
$$Z_1^2 = (12.63，23.94，37.51，53.24，71.56)$$
$$Z_1^3 = (16.37，29.94，45.67，63.99)$$
$$Z_1^4 = (19.82，35.55，53.87)$$

（3）计算灰色微分方程参数 a、b。

$$[a_1，b_1]^T = (B_1^T B_1)^{-1} B_1^T Y_1 = \left(\begin{bmatrix} -9.25 & 1 \\ -18.09 & 1 \\ -29.40 & 1 \\ -42.97 & 1 \\ -58.70 & 1 \\ -77.02 & 1 \end{bmatrix}^T \begin{bmatrix} -9.25 & 1 \\ -18.09 & 1 \\ -29.40 & 1 \\ -42.97 & 1 \\ -58.70 & 1 \\ -77.02 & 1 \end{bmatrix} \right)^{-1} \begin{bmatrix} -9.25 & 1 \\ -18.09 & 1 \\ -29.40 & 1 \\ -42.97 & 1 \\ -58.70 & 1 \\ -77.02 & 1 \end{bmatrix}^T \begin{bmatrix} 7.57 \\ 10.12 \\ 12.49 \\ 14.66 \\ 16.79 \\ 19.85 \end{bmatrix}$$

$$= \begin{bmatrix} -0.174 \\ 6.757 \end{bmatrix}$$

$$[a_2,\ b_2]^{\mathrm{T}}=(B_2^{\mathrm{T}}B_2)^{-1}B_2^{\mathrm{T}}Y_2=\left(\begin{bmatrix}-12.63 & 1\\-23.94 & 1\\-37.51 & 1\\-53.24 & 1\\-71.56 & 1\end{bmatrix}^{\mathrm{T}}\begin{bmatrix}-12.63 & 1\\-23.94 & 1\\-37.51 & 1\\-53.24 & 1\\-71.56 & 1\end{bmatrix}\right)^{-1}\begin{bmatrix}-12.63 & 1\\-23.94 & 1\\-37.51 & 1\\-53.24 & 1\\-71.56 & 1\end{bmatrix}^{\mathrm{T}}\begin{bmatrix}10.12\\12.49\\14.66\\16.79\\19.85\end{bmatrix}$$

$$=\begin{bmatrix}-0.161\\8.386\end{bmatrix}$$

$$[a_3,\ b_3]^{\mathrm{T}}=(B_3^{\mathrm{T}}B_3)^{-1}B_3^{\mathrm{T}}Y_3=\left(\begin{bmatrix}-16.37 & 1\\-29.94 & 1\\-45.67 & 1\\-63.99 & 1\end{bmatrix}^{\mathrm{T}}\begin{bmatrix}-16.37 & 1\\-29.94 & 1\\-45.67 & 1\\-63.99 & 1\end{bmatrix}\right)^{-1}\begin{bmatrix}-16.37 & 1\\-29.94 & 1\\-45.67 & 1\\-63.99 & 1\end{bmatrix}^{\mathrm{T}}\begin{bmatrix}12.49\\14.66\\16.79\\19.85\end{bmatrix}$$

$$=\begin{bmatrix}-0.153\\9.989\end{bmatrix}$$

$$[a_4,\ b_4]^{\mathrm{T}}=(B_4^{\mathrm{T}}B_4)^{-1}B_4^{\mathrm{T}}Y_4=\left(\begin{bmatrix}-19.82 & 1\\-35.55 & 1\\-53.87 & 1\end{bmatrix}^{\mathrm{T}}\begin{bmatrix}-19.82 & 1\\-35.55 & 1\\-53.87 & 1\end{bmatrix}\right)^{-1}\begin{bmatrix}-19.82 & 1\\-35.55 & 1\\-53.87 & 1\end{bmatrix}^{\mathrm{T}}\begin{bmatrix}14.66\\16.79\\19.85\end{bmatrix}$$

$$=\begin{bmatrix}-0.153\\11.535\end{bmatrix}$$

（4）GM(1.1) 模型时间响应函数生成。

$$\hat{x}_1^{(1)}(k+1)=44.313\mathrm{e}^{0.174k}-38.853 \quad k=0,\ 1,\ \cdots,\ 6$$

$$\hat{x}_2^{(1)}(k+1)=59.717\mathrm{e}^{0.161k}-52.147 \quad k=0,\ 1,\ \cdots,\ 5$$

$$\hat{x}_3^{(1)}(k+1)=75.476\mathrm{e}^{0.153k}-65.356 \quad k=0,\ 1,\ \cdots,\ 4$$

$$\hat{x}_4^{(1)}(k+1)=87.959\mathrm{e}^{0.153k}-75.469 \quad k=0,\ 1,\ \cdots,\ 3$$

5.4 软土深基坑施工风险管理研究

5.4.1 深基坑工程风险

如今人们对深基坑工程中存在的风险还不是特别清楚，不能统一地表述出来。风险在不同时段、不同地点都有不同的概念，风险和危险事故是不一样的，一种不好的事情的存在认为是危险，而这种不好的事情不仅存在，还有可能发生的时候认为其是风险。深基坑工程的设计、施工和管理全过程都存在着危险和风险，其不确定和干扰因素由很多，尤其是软土地区的深基坑工程，不确定性因素就更多，有学者认为，这种干扰和不确定性因素可以被称为工程风险。

在第 3.4 节中已经提到，风险的属性有三方面，分别是风险因素、风险损失以及风险事故，而深基坑工程一旦发生事故，其后果是难以承受的，所以对于工程风险的把控要更为严格。不确定性、相对性、可变性和可度量性是工程风险的四个要素，牢牢把握其中的关系，把工程事故发生的可能降到最低。风险本质关系图如图 5.10 所示。

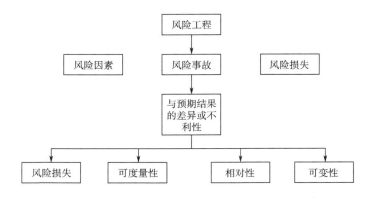

图 5.10 风险本质关系图

5.4.2 深基坑工程施工风险管理理论

5.4.2.1 深基坑工程施工风险管理的相关概念

深基坑施工风险管理主要包括以下内容：以系统的角度为出发点，把研究对象定为风险损失，为了使工程以尽可能低的成本在工期内安全完成，管理者设计科学合理的施工组织计划，协调和控制好施工周期进度，对风险管理基本理论有着熟悉的认识，能够对工程风险进行全面的辨识，了解深基坑工程风险的可能来源，并对可能发生的风险有着评价和分析的能力；在整个施工过程中，实时跟踪与监测可能发生的风险，并采取相应的措施，例如风险转移、风险回避等，使工程风险发生的可能性降到最低；对可能发生的风险有针对性的计划，一旦风险发生，可以及时有效地减少风险带来的不良影响。深基坑施工风险管理主要分为三部分：第一部分是风险发生前对其进行预防；第二部分是风险发生时有着迅速有效的应对措施；第三部分是风险发生后，对其带来的影响有着有效的处理措施。这三部分是项目管理必须存在的部分。

5.4.2.2 深基坑工程施工风险的特点

在保证工程质量和施工安全的基础上，我们的目的就是能够在工期内完成深基坑工程，对深基坑的工程风险采取针对性的措施，实施全面的风险控制。全面了解风险可能发生的原因，制定风险方案，设计合理的施工组织计划，避免工程风险的发生，一旦风险发生，要使其带来的损失降到最低，全力保证深基坑工程的顺利完成。深基坑工程具有以下几方面的风险特征。

（1）施工环境敏感性和危害性。软土深基坑的施工环境往往是十分复杂的，其施工场地的空间有限并且其土体的含水量很高，地下水丰富，土层的承载力较弱，周边可能具有建筑物和地下管线，更使其施工困难重重。深基坑施工过程会改变原有土体的应力状态，使土体发生位移，可能会引发道路沉降和周边建筑物倾斜等。

（2）勘察和设计工作的局限性。一般情况下，设计者通过假设和论证的方法对深基坑工程进行设计，只依靠经验和理论对设计人员的要求是非常高的，设计人员的水平会对深基坑工程的施工质量带来较大的影响。尽管国家已经统一规定了深基坑设计的理论方法，但是深基坑具有很强的地域性和独特性，其受周边环境和地质条件的影响很大，对深基坑工程的勘察设计具有很大的局限性。

（3）施工过程的动态性和复杂性。影响深基坑工程的各个因素之间是存在一定的相关联系的，某个因素的变化可能会导致另一个因素发生改变，深基坑工程的事故发生往往是由于一个或者多个因素共同作用而导致的。这些因素往往都是动态变化的，比如深基坑外部荷载的变化、土体状态变化等，所以对于深基坑工程的监测一定是实时跟踪的。

（4）较强的时间和空间效应。由于在深基坑施工过程中，基坑暴露在环境中的时间较长，根据深基坑施工的时空效应理论，基坑变形受到基坑开挖形状和支护结构的暴露时间的影响，所以基坑暴露的时间越长，其发生风险的可能就越高。

（5）基坑工程管理水平是否过关。深基坑工程的施工环境极其复杂，施工作业量大，需要的机械和材料也很多，施工工种比较多，这些都是施工现场的风险因素，需要管理人员具有良好的风险管理认知，合理安排施工作业。项目决策者应具有丰富的知识储备和经验，由于对某些风险因素认识不到位，也可能导致事故的发生。

5.4.2.3 深基坑施工风险管理程序

由于深基坑工程具有很强的地域性，受到周围环境的影响较大，施工过程中复杂多变，因此需要明确一个深基坑施工的风险管理程序，来全面把控风险因子，达到深基坑施工风险管理的目的；保证工程在成本尽可能低的情况下安全完成。

深基坑施工风险管理程序一共有四个步骤，首先是对工程风险进行界定，然后是对其进行识别，接着是对风险进行评价与估计，最后是怎么控制风险。通过参考国内外相关书籍和文献，并结合施工风险管理的实际工程，确定深基坑施工风险管理程序如下：（1）确定风险管理目标；（2）风险识别；（3）风险分析与估计；（4）风险评价；（5）风险控制。

5.4.3 神经网络方法构建深基坑施工管理体系

5.4.3.1 深基坑施工风险评价指标体系

群组评价是综合评价形式中的一种方式，其科学合理，同时可以把信息进行积聚。群组评价的目的就是把所研究问题的真实性表现出来，通过专家们对深基坑工程的数据信息来进行整体性的评判。

5.4.3.2 软土深基坑施工风险指标体系确定

深基坑施工风险评价指标体系见表5.3。

⊡ **表5.3 深基坑施工风险评价指标体系**

目标层	判据层	子判据层	指标层
深基坑施工风险	人员	施工人员	缺少职业道德素质，并且施工技术不到位
		管理人员	施工技术要全面认识，及时对施工人员进行安全教育
	管理	勘察风险	勘察结果是否完善准确
		专项设计风险	技术水平高低；设计方案是否合理；动态设计是否完善等
		施工风险	施工组织设计是否合理；是否按规范施工；机械设备是否合理适用等
	技术	现场管理	人员、机械、制度等管理是否到位
		控制管理	施工质量是否合格；施工进度控制；基坑监测控制等
		安全管理	施工计划是否安全；结构保护措施是否安全；应急方案是否制定等
	环境	周边环境	周边环境对基坑的影响
		自然环境	自然环境是否会出现异常情况等

5.5 实例分析

5.5.1 工程概括

鸡西市某广场深基坑项目，其基坑上为高层建筑，建筑功能为办公及住宿，负一层为大型商业超市，负二层为地下停车场。住宅楼一层开挖深度为 5.5～6.3m，商业区开挖深度为 11.5m 和 12.5m。桩顶水平位移监测点见图 5.11。

在监测前就已经提前设置好了高程基准点、平面基准点，按间距 22～25m 布设水平位移观测，其布设如图 5.12 所示。

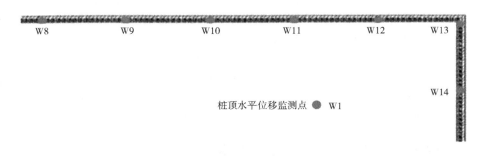

图 5.11 桩顶水平位移监测点

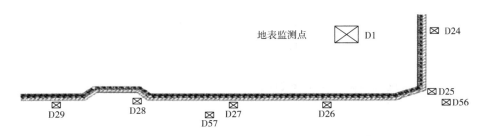

图 5.12 地表监测点

5.5.2 基坑周边环境变形沉降监测

工程项目 D19 号点在 2014 年 6～8 月沉降监测数据，总共 17 期，每期间隔 4d。实测数据如表 5.4 所示。

⊡ **表 5.4 实测数据** 单位：m

时序	实测值	变形值
1	−5.9	0.00
2	−5.6	0.30
3	−5.3	0.30

时序	实测值	变形值
4	−5.8	−0.50
5	−6.3	−0.50
6	−6.6	−0.30
7	−6.5	0.10
8	−6.8	−0.30
9	−7.4	−0.60
10	−8.6	−1.20
11	−8.3	0.30
12	−8.7	−0.40
13	−9.7	−1.00
预测样本		
14	−10.9	−1.20
15	−11.7	−1.80
16	−13.4	−1.70
17	−14.6	−1.20

实测值与变形值对比图如图 5.13 所示。

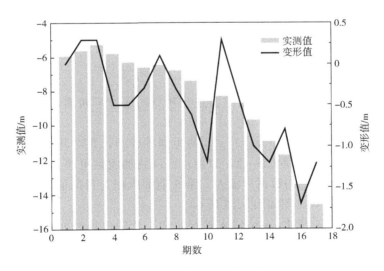

图 5.13 实测值与变形值对比

5.5.2.1 GM(1,1) 模型

GM(1,1) 模型的设计选择前 13 期的监测数据，灰色模型发展系数及灰色作用量分别为 $a = -0.054$ 和 $b = -4.759$。GM(1,1) 模型的构建如图 5.14 所示。

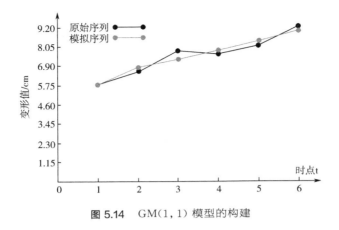

图 5.14 GM(1, 1) 模型的构建

后验差比值 $C = S_2/S_1 = 0.11 < 0.35$，预测结果如图 5.15 所示。

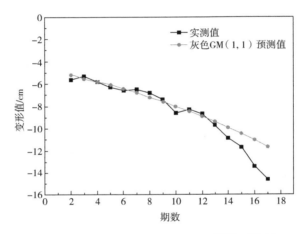

图 5.15 实测值与灰色 GM(1, 1) 预测值对比图

5.5.2.2 BP 神经网络模型

通过样本数据对 BP 神经网络预测模型进行建立。通过不断测试，发现 15 个节点数量时预测效果最好。

将 17 期的样本数据分成两部分，1～13 期为训练样本，并对其进行训练，其余为测试样本。在训练前对样本数据采取归一化，以使神经网络的收敛更快。采用 5＋1 的预测模式来构成样本集，例如 1～5 期的数据为输入，第 6 期的数据为目标值输出，以此类推。实测值与 BP 神经网络预测值对比图如图 5.16 所示。

在 Matlab 中进行算法设计，5 个输入神经元和 1 个输出神经元，隐含层、输出层采用 purelin（线性传递函数）。

net. trainparam. epochs＝10000；%允许最大训练步数为 1000 步；

net. train Param. goal＝0.01；%训练目标最小误差 0.01；

net. train Param. mc＝0.9；%动量因子 0.9；

net. train Param. show＝20；%每间隔 20 步显示一次训练结果；

net. train Param. lr＝0.02；%学习速率 0.02。

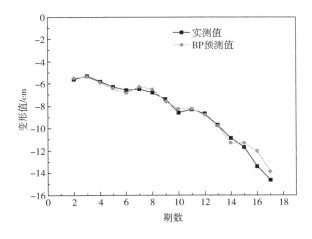

图 5.16 实测值与 BP 神经网络预测值对比图

5.5.2.3 小波优化的灰色 BP 神经网络模型

经过小波去噪后的数据用 GM(1,1) 模型中进行预测，BP 神经网络的训练样本就是这个预测值，同样采用 5+1 的训练模式进行网络训练（图 5.17）。

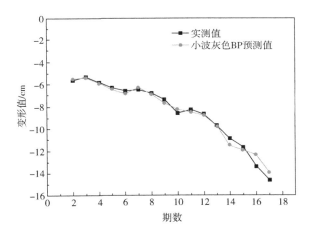

图 5.17 实测值与小波灰色 BP 预测值对比图

5.5.2.4 数据分析

数据分析见表 5.5 和表 5.6。

☉ **表 5.5　三种模型计算结果对比**

观测期	实测值	预测值		
		灰色 GM(1, 1)	BP	小波灰色
1	5.9			
2	−5.6	−5.21	−5.52	−5.54
3	−5.3	−5.50	−5.41	−5.40

观测期	实测值	预测值		
		灰色GM(1,1)	BP	小波灰色
4	−5.8	−5.81	−5.92	−5.88
5	−6.3	−6.13	−6.41	−6.21
6	−6.6	−6.46	−6.86	−6.69
7	−6.5	−6.82	−6.27	−6.32
8	−6.8	−7.20	−6.52	−6.87
9	−7.4	−7.59	−7.54	−7.66
10	−8.6	−8.01	−8.29	−8.22
11	−8.3	−8.45	−8.29	−8.44
12	−8.7	−8.92	−8.86	−8.74
13	−9.7	−9.41	−9.86	−9.61
预测样本				
14	−10.9	9.93	−11.39	−11.48
15	−11.7	−10.48	−11.35	−11.91
16	−13.4	−11.06	−12.09	−12.36
17	−14.6	−11.67	−13.92	−13.93

⊡ 表5.6 三种模型预测值结果对比分析

观测期数	14	15	16	17	平均相对误差
实测值	−10.9	−11.7	−13.4	−14.6	
灰色GM(1.1)	8.89%	10.44%	17.46%	20.05%	14.21%
BP	4.52%	2.97%	9.75%	4.69%	5.48%
小波灰色BP	5.32%	1.78%	7.73%	4.57%	4.85%

参考文献

[1] 高幸. 复杂地质条件下深基坑的变形分析与预测 [D]. 保定：河北大学，2017.

[2] 潘顺琪. 基坑开挖变形预测和数值分析 [D]. 兰州：兰州交通大学，2018.

[3] 林毓文. 软土地区基坑开挖变形性状研究 [J]. 建筑技术开发，2018，45（16）：159-160.

[4] 王方琛. 杭州淤泥质软土地区深基坑围护结构变形规律与优化设计研究 [D]. 西安：西安建筑科技大学，2020.

[5] 刘颖，相斌辉，扶名福. 沿海地区复杂地质条件下三角形深大基坑变形实测分析与数值模拟研究 [J]. 水资源与水工程学报，2020，31（5）：207-212，217.

[6] 徐中华，宗露丹，沈健，王卫东. 邻近地铁隧道的软土深基坑变形实测分析 [J]. 岩土工程学报，2019，41（S1）：41-44.

[7] 王立忠，刘亚竞，龙凡，洪义. 软土地铁深基坑倒塌分析 [J]. 岩土工程学报，2020，42（9）：1603-1611.

［8］陈璞，熊凯，曹振东，王立峰.基坑工程与地下工程安全及环境影响控制［J］.工业建筑，2021，51（12）：176.

［9］朱斌科.城市软土盾构隧道施工期风险分析与评估研究［J］.工程技术（全文版），2017（39）：19.

［10］姜青舫，陈方正.风险度量原理［M］.上海：同济大学出版社，2000.

［11］宋卓华.地铁车站深基坑工程综合风险评价方法研究［D］.北京：北京工业大学，2021.

［12］张彬，董素芹.基于 FAHP 深厚软土基坑施工风险评估及其管控［J］.数学的实践与认识，2020，50（24）：89-98.

第**6**章

减少基坑施工对邻近建筑影响的技术措施

6.1 概述

近年来，随着经济与工程科技的并行发展，对土地的利用也越发紧张。由于土地的有限性，人们利用海洋、地下等空间兴建工程屡见不鲜。不仅如此，在城市上竖立的建筑物也越来越高。由于上述种种原因，地下基坑的工程质量越发受到重视。但是深基坑工程的开展势必会对周围土地造成扰动，从而影响周围建筑物的地基安全。这是因为邻近建筑物的地层受到基坑工程的干扰，会导致其承担原来设计并没有考虑的变形和内力，从而可能损坏或塌陷。因此，深基坑工程除了要确保基坑本身的结构安全外，还要保证邻近建筑的安全与稳定。找到由基坑开挖和支护引起的地面变形规律及邻近建筑基础的变形与内力变化机制是解决这一隐患的前提。在考虑地面和邻近建筑地基基础变形的基础上，应对深基坑的相关参数进行调整，并采取必要的防护措施。目前，由于土体和基础的内力、变形的复杂性，对具体深基坑工程会对邻近建筑产生多大影响并没有很明确，需要结合现场施工情况进一步研究。

在工程科技的发展中，地下空间的利用正处于兴盛时期。城市的地下空间多被用来建地下停车场、地下商业街或者地下防空洞，有没有地铁也是一个城市经济实力的展现。以某小区为例，某小区建筑面积约为 $17625.8m^2$，地下车库面积约为 $2892.3m^2$，现场场地较平整。但受场地面积和区域规划限制，该小区在建的新楼和老楼之间的距离很近，尤其是在建新楼的基坑坑壁距老楼只有 3m。所以考虑基坑开挖和基坑支护对老楼的影响是必要的。同时，为了新楼基坑和老楼建筑的稳定与安全，应设定和分析不同参数的支护结构对地层、建筑地基等的影响，并进行比较，找到基坑工程与建筑地基和基坑沉降变形之间的变化规律，并进行改善和优化。

在建筑进行施工的过程中，打好建筑桩基和做好基坑支护是整个施工过程中非常重要的组成部分。但是在基坑开挖以及基坑支护的过程中，经常会对周边建筑物和市政工程（电缆、排水等）产生影响，有的甚至会造成难以预料的后果和巨大的损失。所以，为尽可能减少基坑施工对邻近建筑影响，采取一些技术措施是非常必要的。

6.2 设计措施

开挖基坑和基坑支护之所以会对邻近建筑产生影响，是因为开挖基坑相当于释放了地基的地应力，相当于对邻近建筑的应力平衡产生影响。新建建筑物的基础会对原有邻近建筑的地基产生附加应力，从而有可能使原有邻近建筑的地基失衡甚至塌陷。为避免这种情况的发生，首先要从设计上入手，从根源上确保整个基坑工程的质量。

6.2.1 合理选择参数和基坑支护形式

无论是基坑各项参数的确定，还是基坑支护方式的选择，都不能脱离周围建筑物的环境进行考虑，在选择基坑支护形式时，还应考虑施工现场的地表情况。在实际工程中，可根据不同的情况将基坑工程分成几个不同的版块。在深基坑工程中，为提高围护结构的稳定性，防止邻近建筑物出现过大的变形，还应该合理设计支撑结构。我们可从表6.1的实例来深刻体会基坑支护形式的选择依据。

⊡ **表6.1 广州市邻近地铁的基坑工程实例**

地铁车站及区间	基坑概况	与地铁相对位置关系	近地铁侧的基坑支护方式
紧贴地铁某车站结构的商住项目基坑工程	基坑开挖深度13.5m，周边总长600m	基坑西北侧距区间隧道结构的最小水平距离为10m	基坑支护采用排桩＋2道钢筋混凝土内支撑的设计方案，其中紧贴车站结构处与车站共用围护桩
地铁7号线石壁站基坑工程	车站主体结构尺寸165.0m×20.5m，标准段基坑深约17.55m	竖向距离为4.0m，地铁7号线石壁站与原2号线石壁站相邻	车站围护结构采用800mm厚地下连续墙＋2道钢筋混凝土内支撑＋1道
地铁1号线公园前站东侧的人防工程基坑工程	基坑总面积约14487m²，周长约572m，基坑工程开挖深度为23.9m	基坑工程紧贴地铁A2风亭的支护结构，基坑与地铁公园前站区间隧道的最小水平间距为12.50m	基坑采用地下连续墙＋楼板作为支撑支护体系
紧邻地铁1号线区间隧道的基坑工程	基坑面积约29514m²，周长约为740m，属超大面积基坑，开挖深度8.4～8.7m，基坑边长达220m	基坑支护与隧道的距离为5.8～13.65m	基坑采用桩墙＋大面积平面桁架内支撑或斜向锚索作为支护体系
紧邻珠江新城集运线天河南一路站的基坑工程	用地面积约为47550m²，基坑开挖深度为4.55～21.30m	基坑南侧与地铁1号线隧道最小水平距离为5.8m，与西侧隧道的最小水平距离为6.78m	基坑的支护结构采用钻孔桩＋内支撑＋旋喷桩止水帷幕作为支护体系
邻近地铁1号线运营隧道区间的基坑工程	基坑开挖面积约60880m²，总周长为1213m，开挖深度为14.2～16.4m	基坑与地铁隧道的最小净距为10.1m，隧道顶部与基坑底部最小距离为0.5m	基坑采用1m厚的地下连续墙＋3道内支撑的围护方式，在地下连续墙与隧道间增设一排中 $\phi 1000mm@1300mm$ 的钻孔灌注桩作为隔离桩

地铁车站及区间	基坑概况	与地铁相对位置关系	近地铁侧的基坑支护方式
邻近广佛线西朗站的基坑工程	基坑周长约 500m，开挖面积约 20570m²，开挖深度为 9.6～9.8m	基坑距广佛线西朗站主体结构的最小值约 8.6m，距离 1 号出入口主体结构为 2.6m	基坑围护结构采用 ϕ1000mm @2000mm 钻孔桩的形式
邻近地铁 1 号线黄沙地铁车站的基坑工程	基坑面积约 6×10⁴m²，基坑开挖深度 12m	地铁 1 号线黄沙地铁车站位于该基坑中间	基坑采用 800mm 厚、21m 深的地下连续墙围护结构
邻近地铁 5 号线科韵路地铁站的金融城基坑工程	基坑开挖面积约为 22175m²，其开挖深度为 26.4m	基坑与地铁 5 号线科韵路站的最小距离为 17.4m，与区间隧道的距离为 22m	基坑西北角、北侧及东北角采用 1m 厚的地下连续墙，其余采用 ϕ1000mm @ 1200mm 灌注桩＋3 道内支撑
邻近地铁 6 号线区间盾构隧道的基坑工程	基坑周长为 230m，开挖深度约 22m	基坑底面距离侧下方隧道结构外壁的最小水平距离约 6m，最小竖向距离约 4m	基坑支护采用 1000mm 厚地连墙＋内支撑的设计方案
邻近地铁 2 号线市二宫地铁车站的基坑工程	基坑用地面积 2289m²，基坑周长约 234m，其开挖深度为 14.9m	基坑与隧道结构的最小水平距离为 4.4m	基坑采用人工挖孔桩＋内支撑及桩锚组合支护形式
邻近地铁 6 号线海珠广场至北京路区间隧道的基坑工程	基坑面积 9836m²，开挖深度约 16.8m	基坑底部与隧道顶部的最小距离约 7.9m	基坑采用 1000mm 厚的连续墙作为围护结构，在隧道两边设置连续墙作为隔离墙
邻近广佛线的佛山市岭南天地项目基坑工程	基坑周长 651.0m，开挖深度 13.90m	基坑与隧道结构的最小水平距离为 24.8m	基坑临近隧道侧采用 800mm 地下连续墙＋后排桩＋竖向混凝土斜撑的支护结构
邻近广州地铁某区间隧道结构的基坑工程	开挖深度为 20.2m	基坑与地区间隧道的最小距离为 6.0m	临近隧道的基坑采用直径 1200mm 的旋挖桩＋3 道钢筋混凝土支撑的支护方案
邻近地铁 2 号线的广州南站汽车客运站的基坑工程	基坑尺寸约 135m×175m，A 区基坑开挖深度 15.3m，B 区基坑开挖深度 7.2～14.2m	基坑距区间隧道最小距离约 22.2m，距地铁冷却塔最小距离约 3.25m，南侧距地铁 9 号出入口约 2.0m	基坑支护采用 1000m 厚地连墙＋内支撑的支护形式

从表 6.1 所列十余个地铁隧道和车站的基坑工程实例中采用的基坑工程实例分析可知：单排桩这种基坑支护方式基本用在基坑开挖深度小于 6m 时；当基坑开挖深度较大，且与地铁结构净距约小于 10m 时，基坑支护通常采用地下连续墙＋内支撑或者桩撑支护，并对基坑与地铁之间土体采用水泥搅拌桩或者旋喷桩进行加固处理；基坑在地铁隧道上方，在隧道两侧增设钻孔灌注桩或者地下连续墙作为隔离体，控制地铁隧道结构的变形。

6.3 施工措施

6.3.1 加固原有建筑地基

一般来说，为了防止深基坑工程附近的建筑物产生不均匀沉降，最直接有效的方法就是对原有建筑进行加固，提高其抵抗变形的能力。工程中常用的方法有三种，分别是基础置换、注浆法和跟踪注浆。

基础置换就是在原有建筑物的基础周围重新布置可承载开挖基坑后应力的基础，将建筑物的荷载转移至新基础的方法。这种方法的优点是较为安全，缺点是施工困难，造价高，一般不常用。

注浆法是对把水泥砂浆注入原有地基土体进行加固，用这种方法加固地基，可以大幅提高土体的抗剪强度、压缩模量和无侧限抗压强度，固结地基迅速，造价比较低。

跟踪注浆的施工过程是拔桩前，在设计的注浆区域先进行第一遍注浆。然后，随着桩基工程的进行，根据位移监测提供的信息，在相应部位及时"跟踪"注浆。凭借注入的水泥砂浆和地基慢慢成为一个整体，控制原有建筑基础的沉降。

6.3.2 控制施工过程

在深基坑支护的过程中，施工工法和施工工艺也会对邻近建筑物的沉降及变形产生很大的影响，所以根据实际工程优化施工工艺和施工工法可以减小基坑的变形。

6.3.3 实时控制沉降变形

基坑开挖的重要影响因素之一是沉降和变形。根据实际工程的现场情况，在相邻建筑物设置沉降变形监测点，依据相关规范要求，安排监测频率，例如隔1天观测1次。根据观测的数据绘制时间与高程关系曲线，分析基坑施工对相邻建筑物沉降的影响。

6.3.4 其他预防措施

造成建筑物坍塌和开裂情况的因素多种多样，也许正是因为影响深基坑施工的因素不是单一的。在减少基坑工程对邻近房屋基础的影响时，需要一些应急措施。

当发现基坑变形较大或者其他危急时刻，要果断采取措施进行处理，以免造成严重后果。更要注意基坑的排水降水情况，及时做好排水降水工作，以防发生流沙等灾害。

从基坑与坑外土地的联系来看，也可以从传播途径入手，使基坑和坑外土地基本没有甚至没有联系。最常使用的方法就是在基础与基坑之间打入隔断墙、隔水墙等，抑制有可能发生滑动的基坑土体，从而减小周边建筑物基础的不均匀沉降。

总而言之，基坑工程的施工对邻近建筑产生影响是不可避免的，因此，监测沉降变形从而分析出造成变形的根本原因，进而为减小变形采取一些措施才是至关重要，或者说才是人们应该关注的。

6.4 已有建筑物的保护

6.4.1 工程概况

某单元项目在三新路和凤起东路的交叉口。总的项目用地面积为$42325m^2$，建筑面积$176157.23m^2$。有地下两层，基坑开挖深度分别为$5.8\sim6.9m$，$9.9\sim10.8m$。

基坑附近建筑较多，凤起东路在基坑南侧，好莱坞广场等（桩基础）在基坑西侧，其余如图 6.1 所示。

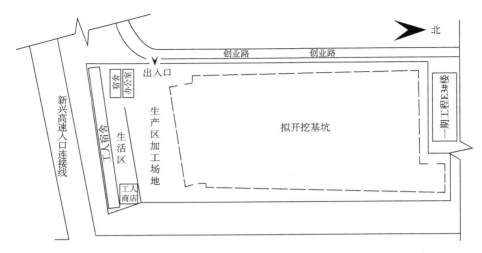

图 6.1 基坑平面位置图

该项目属于杭州钱塘江下游河口堆积区的地貌，类型比较单一。现场地势较为平坦，地面高程相差不大。

6.4.2　支护方案

考虑到开挖深度和周边环境对基坑安全的影响，在地下一层深度范围内采用大放坡的形式，地下二层深度范围内采用钻孔灌注桩复合土钉墙的形式，考虑到基坑工程对邻近建筑物的影响，在有邻近建筑的一侧增加一道钢筋混凝土支撑来保障邻近建筑与本基坑工程的共同安全。整个基坑支护方案在考虑了成本的基础上，又控制了现有建筑和地下管线的沉降及变形。邻近已有建筑侧基坑支护剖面图如图 6.2 所示。

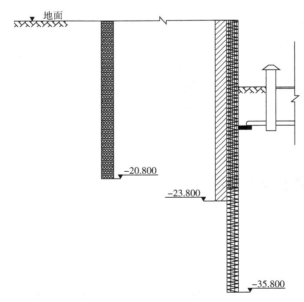

图 6.2　邻近已有建筑侧基坑支护剖面图

6.4.3 降水方案

在基坑周围地面设置排水沟，将地面雨水等引入邻近下水道，以防地面水进入基坑导致事故发生。考虑到本工程开挖范围内的土透水性良好，结合基坑开挖深度以及地下水情况，在坑内采用自流深井降水，坑外周边除了自流深井降水之外，还要做止水帷幕，结合现场情况，使用三轴水泥搅拌桩止水帷幕。在施工过程中抽出的地下水要排入场外的下水道，以防水重新渗入地下。表6.2为各土层力学指标。

□ **表6.2 各土层力学指标**

土层编号	土层	厚度/m	重度/(kN/m³)	Φ/(°)	c/kPa
①₁	杂填土	0.8	18.5	10.0	14.0
②₁	砂质粉土	3.5	19.4	28.0	7.0
②₂	砂质粉土	1.5	19.7	29.0	5.0
②₃	粉砂	3	19.7	32.0	5.0
③₁	砂质粉土	7	19.4	30.0	6.0
③₃	砂质粉土	4.5	19.3	29.0	6.0

从基坑的设计和现场情况来看，设计要求深井成孔直径为80mm。施工过程中，要注意细节控制，严格保证滤井干净后才能下沉滤水波纹管，回填级配砂要紧跟在下沉管之后。施工完成后，要先做尝试性降水，确保出水正常、没有堵塞、淤泥沉积等现象之后才能正常使用。正常使用的深井中抽取的水含砂量要满足要求，水不能浑浊。

6.4.4 分层分块土层开挖

基坑土方开挖分层分块进行对称开挖，面积大的基坑要小范围挖，把整个施工场地分层、分小块，东面挖一块，西面也要挖差不多的一块。这样做既有利于控制基坑变形，又能减小基坑开挖对邻近建筑物和周围环境的影响。在本工程中，根据底板混凝土后浇带对基坑进行分块，设计每层土方开挖的高度不超过该层土钉墙以下0.3m，分段开挖的长度一般不能超过10m，在工程场地西侧结合设计的支护形式分三层开挖。先挖自然地面到压顶梁施工高度（-2.40m）的土方，再挖压顶梁施工高度（-2.40m）到支撑梁施工高度（-5.30m）的土方，最后挖支撑梁施工高度（-5.30m）到基地高度的土方。

本工程的土方开挖工程量巨大，土方量约为310m³，所以挖出的土方必须及时运出施工现场，方便后续施工的进行。这就要求要保证每日出土量，根据本工程的工程量，结合弃土距离、车速及每天工作时间等因素，每日出土量要求为6000～10000m³，在运土车和挖掘机停放地点及行驶的路线上设置路基箱以进行加固，保证基坑的稳定安全。

在基坑开挖到设计的坑底标高后要及时对混凝土垫层进行施工，及时浇筑混凝土垫层和混凝土底板。要求在基坑开挖后12h以内浇筑。这样做的目的是防止基坑坑底发生隆起变形。

6.4.5 信息化施工

为了对已有建筑进行实时保护，要在基坑工程施工期间由专业鉴定单位对已有建筑物的变形和沉降进行监测。在已有建筑的位置分别设置倾斜观测点和沉降观测点，根据面积大小不同，在好莱坞广场分别设置 6 个倾斜观测点和 6 个沉降观测点。3 个倾斜观测点和 5 个沉降观测点被设在金立湖商务酒店。在 9 个月期间，分别对各观测点进行监测，进行了 2 次倾斜观测和 4 次沉降观测。监测结果显示：在好莱坞广场和金立湖商务酒店中，各测点的各向倾斜率、最终沉降量和沉降速率均在设计和规范允许范围内，符合要求。具体数据范围见表 6.3。由表 6.3 也可明显看出建筑倾斜在正常范围，沉降比较稳定。

⊡ 表 6.3 测点数据范围

地点	各向倾斜率/%	最终累计沉降量/mm	沉降速率/(mm/d)
好莱坞广场	0.01～0.05	2.48～5.30	0.0048～0.0207
金立湖商务酒店	0.01～0.11	3.2～5.16	0.0155～0.0219

除了要对已有建筑的变形和沉降进行监测以外，还需要监测深层土体的水平位移，因为边坡结构从上到下的水平位移都能够通过深层水平位移反映出来。一段土体出现土压力较大，锚杆拉力和支撑轴力比较小难以支撑，或者其他比较不同寻常的情况，此段的水平位移会比较大。此时必须检查锚杆拉力和支撑轴力的情况，并找出其偏小的原因；还要对坡后土体的水位进行检查，观察水位是否上升。本工程中，根据现场情况和周边建筑物，在有建筑物的一侧设置 5 个水平位移监测点。

地下水对基坑稳定性的影响也是不可忽视的，基坑工程因地下水影响而坍塌的工程事故屡见不鲜。本工程为监测地下水位的变化，设置 6 个水位监测点，都在基坑有建筑物的一侧。坑内设置 2 个水位监测点。监测结果见表 6.4。从结果来看，深层土体水平位移和支撑轴力均小于其控制值（根据现场施工情况和基坑设计情况，最大水平位移控制值 40mm，支撑轴力控制值 10000kN），观察施工过程中的周边环境，房屋和道路均没有出现明显的裂缝和塌陷。

⊡ 表 6.4 深层土体水平位移及支撑轴力监测结果

项目	全部土方开挖完成	地下室底板施工完成	地下室顶板施工完成
深层土体水平位移/mm	11.24	13.52	27.64
支撑轴力/kN	4205	4831	

参考文献

[1] 周阳. 深基坑施工中的常见风险及施工风险管理 [J]. 资源信息与工程, 2018, 22 (1): 143-144.

[2] 兰君. 浅谈几种常用安全评价方法的适用性 [J]. 化工管理, 2014 (8): 55.

[3] 庄心欣. 基于监测数据的地铁深基坑施工动态风险评估 [D]. 大连: 大连交通大学, 2020.

[4] 李帆, 李先锋, 曲波, 等. 深基坑开挖对周围建筑物及土体影响研究 [J]. 建筑结构, 2022, 52 (202): 2309-2314.

[5] 农宇. 近邻既有建筑软土地层深基坑开挖变形规律及优化分析 [D]. 桂林: 广西大学, 2022.

[6] 韩健勇, 赵文, 李天亮, 柏谦. 深基坑与邻近建筑物相互影响的实测及数值分析 [J]. 工程科学与技术, 2020, 52 (4): 149-156.

[7] 黄雄飞, 薛明亚, 张磊. 模糊综合层次分析在建筑施工安全管理评价中的应用 [J]. 建筑安全, 2019, 34 (3): 27-31.

［8］庄心欣.基于监测数据的地铁深基坑施工动态风险评估［D］.大连：大连交通大学，2020.

［9］许坤坤.深基坑降水支护方案优化设计及风险评估研究［D］.郑州：中原工学院，2021.

［10］曹文贵，张永杰，赵明华.基坑支护方案确定的区间关联模糊优化方法研究［J］.岩土工程学报，2008（1）：66-71.

［11］张敏燕.深基坑支护结构的实用计算方法及其应用分析［J］.砖瓦，2022（2）：123-124.

［12］王仁全.三维有限元分析在深基坑支护结构施工中的应用［J］.建筑技术开发，2021，48（4）：13-15.

第7章

软土深基坑工程案例

7.1 昆明某软土区深基坑支护案例

7.1.1 工程概况

场地位于昆明滇池滨湖地区，昆明市南市区核心区域，广福路北。本项目的地下室共有两层，开挖的基坑面积有 10000m²，而且呈现为不规则矩形，基坑开挖深度为 10.3～10.5m。

周围环境西、北侧为某小区，临近基坑即分布有该小区的住宅楼，桩基已完成，其对变形极为敏感；南侧为广福路，路边分布有深约 5m 的电力箱涵及多条市政管线；东侧为福龙路，拟建建筑物外墙距道路人字沟边最近处仅 2.5m，马路对面为 3～4 层的民房。因此，该基坑的开挖对与周边已有构筑物存在一定的影响。

7.1.2 土质特性

与其他地方的软土地基相比，昆明湖沼相软土区的施工有以下几个主要特点。

（1）地基承载力低。昆明泥炭土天然特性较多：含水率较高、孔隙比较大等。这些天然物理力学特性决定了该地区地基承载力极低，小于一般平均值。当前社会下，随着城市和社会的经济发展，各式各样的高层建筑，如高层住宅、高层写字楼等进入人们的视线。这些高层建筑由于其本身的重量等对地基承载力有更高的要求。如果建筑物的地基承载力不够，将导致非常严重的后果。所以对承载力达不到要求的土质进行处理是必要的，例如昆明泥炭土。

（2）沉降极不均匀。昆明泥炭土是沿着河流方向在近水环境下沉积而成的，不同区域的特性差别较大，作为地基来说，极易产生严重的不均匀沉降。

（3）施工困难。由于昆明泥炭土的分布区域集中在滇池周围，且土层深厚，所以在进行基坑支护施工时遇到许多困难，尤其是排淤清淤工作。

7.1.3 支护方案

为保证该基坑工程的设计安全、合理，首先对基坑工程的环境、土质等数据进行收集，并对其进行整理分析，根据数据和现场情况做出相应的设计：怎样开挖、怎样维护、怎样支撑以及最后怎样进行地基处理等。按照相关技术规范要求的规定，在进行支护方案设计时，要确保先进的技术对环境友好，在控制成本的同时，保证工程的质量。因此，无论是深基坑的开挖放坡还是基坑支护，都需要对该地区的地质和水文环境、基坑开挖深度、基础的类型、基坑放坡情况、排水情况、基坑周围建筑物情况、基坑周边环境等许多因素进行综合考量，确保基坑的设计、质量、施工期限等均满足要求。

结合选用合适的支护结构，以及优选对比原则，同时根据本工程相应的地质环境和条件，根据基坑支护类型和方案选择过程，得出该基坑工程设计总结：该基坑开挖面积大，开挖深度深，平面不规则，周边环境条件差，工程地质情况极差。在该地区不宜采用锚拉式围护结构，因为地下深厚的泥炭土提供锚杆（索）锚固力不足，不能有效控制土体位移，会让止水帷幕受到破坏，土体流失严重，进而危及基坑工程及邻近建（构）筑物的安全。邻近场地已有较多失败案例。

该基坑处于典型的昆明软土地区，地质条件极差。考虑该基坑采用双排桩式支护结构，通过对双排桩支护结构进行分析及计算，在对基坑顶部进行放坡后，对支护结构的变形量进行计算，此时依然超过了 65mm，超过了规范的要求。另外，本工程的基坑深度较大，双排门架式支护结构不适宜设置锚拉式结构，在无锚拉力的情况下，土方开挖至 7.0m 以下，支护结构的变形增加迅速，将会产生隐患，严重危及基坑工程和邻近建筑与道路，因此不宜采用双排桩式支护结构。

结合上述分析，本基坑的支护方案设置为：排桩＋环形内支撑、坡面喷锚网等多种联合支护模式，能够有效提高支护结构的强度。另外，根据大面积的卸荷问题，对本支护系统进行相应的完善，从而保障该工程得以顺利开展。

7.1.4　监测方案

通过第 6 章我们知道，对于软土深基坑工程来说，监测是必不可少的。对工程项目的全面监测并通过对监测数据的分析，可以及时得到相关信息的反馈，然后根据反馈对支护方案进行优化。

本工程综合对现场实际工程概况、周边环境和基坑方案进行考虑，监测方案如下：设置 19 个地表沉降和位移监测点，23 个桩顶位移和沉降监测点，26 个支撑应力断面的监测点。监测结果如下。

放坡段的坡顶其位移水平均值约为 10mm，而支护桩桩顶位移水平值约为 20mm，这说明桩顶要比坡顶位移变形大，也表明支护结构作用明显。另外支护结构的时空效应十分显著，基坑阳角和长边中间的位置处位移较大。

和普通软土层进行对比可知，泥炭土的桩顶地表沉降量均值为 12mm 左右，如图 7.1 所示，深基坑桩顶地表沉降最大监测点为 DB18，沉降量达 16.3mm。10 月 18～12 月 10 日为土方开挖阶段，随着基坑不断开挖，桩顶地表沉降速率保持不变，累计沉降量不大于 15mm。基坑在开挖期间，桩顶地表沉降位移变形较小，11 月中旬后，基坑全面开挖即将完成时，桩顶地表沉降位移变形有降低的趋势。

该工程通过埋设测斜管观测各深度处水平位移，支护桩体深层位移变形主要集中于土方开挖阶段。基坑开挖过程中，围护结构后方土体对围护结构有侧向挤压作用，在支护桩顶位置处设置内支撑结构，能够有效控制变形，其位移较小，支护桩下部埋置在土体中，支护桩

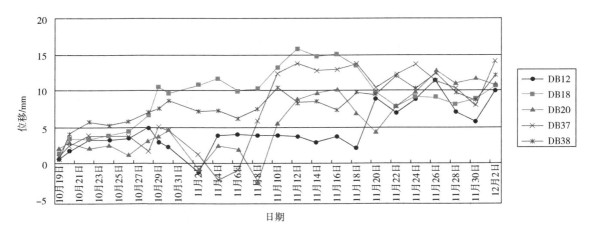

图 7.1 部分基坑桩顶地表沉降量-时间曲线

深层位移为 $5.0 \sim 11.0$m，深度范围内变形值最大，与该支护系统普遍变形规律相符。从图 7.1 中可以看出，随着不断进行基坑开挖并完成，整体变形逐渐增加，且最大变形位置不断下移，最终进入稳定状态。11 月中旬，基坑全面开挖完成后，支护桩体深层位移变形不再发生较大变化。与同类工程的 $20 \sim 30$mm 相比，本工程基坑工程支护桩的深层位移最大值达到 52mm，显然偏大。

10 月 18 日对基坑进行开挖，支撑梁上应力不断增加，10 月 21 日开始对支撑梁下方土体进行开挖，各支撑梁上应力相应降低，但随着基坑开挖的不断进行，支撑杆件所受到的应力又不断增大，到 11 月中旬，在基坑全面开挖即将完成时，应力又有减小的趋势。

该基坑工程安全等级为一级，其检测结果以及相关的监测安全限值对应的详细参数参见表 7.1。由表可知，基坑支护结构的水平位移超过了安全限值，原因是基坑局部外围堆载导致，其他监测项目都在相应的安全限值之内，它的支护系统和相关的周围环境安全稳定。

⊡ **表 7.1** 监测结果与各监测项安全限值对比

监测项目	安全限值	最大测量值	备注
水平位移/mm	40	44.90	局部受外围堆载而超限
水平位移速率/(mm/d)	5	3.86	安全
沉降/mm	40	27.60	安全
沉降速率/(mm/d)	5	2.33	安全
支撑应力/kN	3500	2961	安全

7.2 合肥地铁 5 号线清河路站深基坑支护案例

7.2.1 工程概况

合肥地铁 5 号线清河路站是整条线路的第 32 个车站，与规划的 8 号线呈 L 形节点换乘。

车站主要在太和路和清河路上，横跨清河路，在太和路南北向延伸。因为两条路都是次主干路，所以交通压力比较小。

清河路站的地面平坦，起伏趋势不大。此站主体结构总长度为246.3m，标准段结构的宽度为22.3m，标准段的底板埋深为16.5～16.8m；小里程端端头井和大里程端端头井埋深不同，小里程端约为17.99m，大里程端约为19.12m；换乘节点段的埋深要更深一点，为25.92m。按照设计，地铁站的主体结构是地下两层，从类型来看，是岛式车站，主体采用的结构是双柱三跨箱型结构。换乘节点由于要承担换乘的功能，所以是地下三层的结构，采用箱型框架结构。在施工方法上，整个车站主要采用明挖法，这种方法施工技术简单、快速，经济适用性也比较好，主体受力条件也较为良好。

清河路站的具体设计参数见表7.2、图7.2～图7.4。

表 7.2 清河路站主体结构设计参数

工程名称	构件名称	尺寸	备注
清河路站	顶板	厚800mm	换乘区
	负一层侧墙	端头井侧墙厚800mm，标准段侧墙厚700mm	
	中板	换乘区负三层中板厚700mm；其他厚400mm	
	负二层侧墙	端头井侧墙厚800mm；标准段侧墙厚700mm	
	负三层侧墙	侧墙厚1000mm	
	底板	端头井厚1000mm；标准段厚900mm；换乘区的侧墙厚1100mm	
	框架梁	MZL1：1000×1000mm　　MZL2：1200×700mm	
	框架柱	TZL1：1200×1800mm　　DZL3：1200×1900mm KZ1：700×1100mm　　KZ2：φ1000mm	

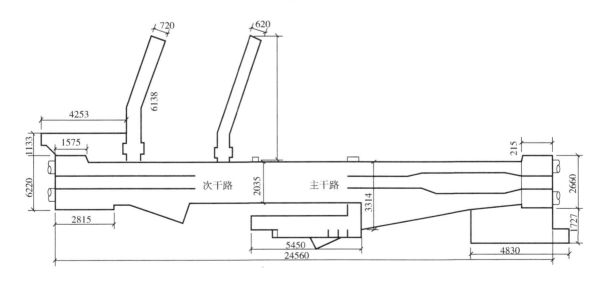

图 7.2　清河路站平面图

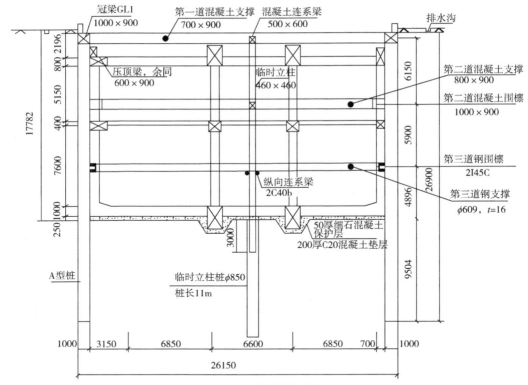

图 7.3 标准断面图

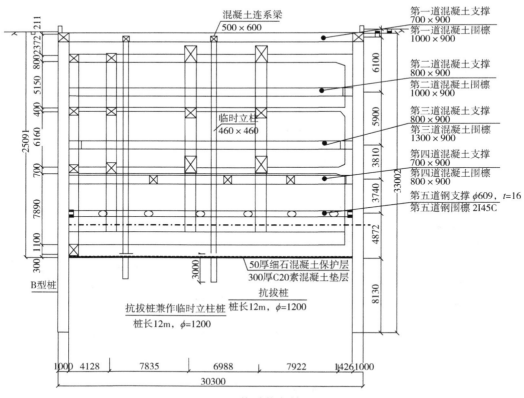

图 7.4 换乘节点断面图

7.2.2　土质概况

本工程的主要不良地质及特殊性岩土有断裂、填土、膨胀土、风化岩和残积土等。工程沿线可能会遇到的地下障碍物主要为地下管线。根据现场钻探结果，拟建场地土质混杂，土类型众多，主要有一层杂填土。一层杂填土的成分众多，比较混杂。其中，黏性土成分最多，除黏性土外，还含有大量的建筑垃圾、生活垃圾等，碎石块也是其中的一部分，尤其是勘探结果显示碎石块最大厚度2.7m，而且这些碎石块大小不一，并不均匀，所以可能造成基坑开挖的施工过程困难。

由工程周围的地质资料显示，结合现场钻探试验，工程场地的膨胀土有弱膨胀趋势。合肥地区的膨胀土可分为两层。上层主要是介于硬塑和坚硬状态的褐黄色黏土，厚度为1.0～3.5m，部分地段厚度较大，可达到5m。在填土下的表层有直径为1～3mm的球状铁锰结核。下层主要是介于硬塑和坚硬状态之间的灰黄色、灰褐色黏土，厚度很厚，一般为15～40m，也就是基岩面以上。根据结果来看，本层土体裂隙较多，且表面光滑，一般呈不规则的网格状，含有球状铁锰结核。根据试验结果，按照《膨胀土地区建筑技术规范》（GB 50112—2013）中对膨胀土的定义可判断二层黏性土具有弱膨胀性。这种弱膨胀性对基坑开挖和基坑围护结构的施工都存在一定的不利影响。膨胀土的性质比较特别，它与力学特性和含水率有很大的关系，膨胀土的抗剪强度等会随含水率的改变而发生明显变化，这是一个需要特别关注的性质。在本工程中，膨胀土属于天然较为良好型，因为自然状态下，膨胀土呈现硬塑至坚硬的状态。但是当土体中的含水率发生变化时，尤其是含水率迅速增加的情况下，土体的强度会发生很大的改变，具体可能表现为：强度大幅度降低，压缩性显著提高，抗剪强度指标迅速衰减。再加上本工程是轨道交通项目，建设周期比较长，土体含水率很可能因人为、气候等影响而发生很大变化。因此，轨道交通工程的设计和施工方案的规划应该结合当地膨胀土的特殊性，考虑其可能产生的不良后果。

在风力作用下，岩石和土体的结构、性质和成分等发生了改变，然后沉积成为残积土和风化岩。现场中，这也是对工程影响较大的土质。在对拟建工程场地勘察过程中，未发现残积土，但发现了遇水极易软化的风化岩。现场的这种风化岩还有崩解性，失去水分后会收缩、开裂，强度非常低。在工程地质平面图（图7.5）中可以看出，本场地的风化岩层埋深较浅，在施工过程中，会对工程造成一定影响。

地下水也是基坑工程的重要影响因素之一。上层滞水和岩石孔隙水是本工程场地内的主要地下水。人工填土是浅部地下水的主要存在区域，主要是上层滞水，水量很少。对场地地下水的勘测结果为：以绝对标高33.00～36.02m，水位埋深为0.90～3.30m，平均埋深为1.75m（平均标高34.75m）。第一层的全风化岩是岩石孔隙水的主要存在区域，全风化岩的富水性和透水性比较弱。地下水的腐蚀性也是很重要的因素。根据试验研究结果，现场地下水和地基土对混凝土及钢筋都具有微腐蚀性。

清河路站各段在土质的分布情况如下。

(1) 车站标准段坑底位于二层黏土层。

(2) 车站小里程端头井坑底位于二层黏土层。

(3) 车站大里程端头井坑底位于三层粉质黏土层。

(4) 换乘段基坑坑底位于二层黏土层。

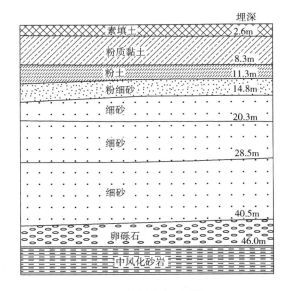

图 7.5 地质纵剖面示意

7.2.3 周边建筑物及地下管线情况

清河路站位于太和路与清河路站交叉口，此地管线种类较多，包括雨水、污水、自来水、热力、燃气、电力、通信等管线，其中，控制性管线也比较多（表 7.3）。清河路站周边环境详细图如图 7.6 所示。

☐ **表 7.3 清河路站地下构筑物及管线迁改一览表**

序号	管道类型	规格	材质	数量	单位	走向	处理措施	备注
1	雨水管	D800mm		330	m	沿车站，南北向，纵穿车站	临时改迁至车站东侧	已完成
2	污水管	D600mm		440	m	沿车站，南北向，纵穿车站	永久改迁至车站西侧	已完成
3	地埋供电排管（10kV）	100mm×100mm 孔；20 孔	电缆	310	m	沿车站，南北向，纵穿车站	改迁至车站东侧	未完成
4	地埋供电排管（10kV）	2 孔	电缆	62	m	沿车站北向，纵穿车站	悬吊保护	和冠梁支撑同时施工
5	110kV 变电站环网柜	5m×1m		1	处	沿车站北向，纵穿车站	不迁改	加强检测
6	移动等通信	5 孔	光纤	300	m	沿车站北向，纵穿车站	改迁至车站东侧	已完成
7	移动等通信	3 孔	光纤	21	m	东西走向，穿车站	悬吊	
8	架空电力	6 根	电缆	240	m	沿车站北向，纵穿车站	改迁至车站东侧	已完成

序号	管道类型	规格	材质	数量	单位	走向	处理措施	备注
9	给水管	$D300mm$	PE	23	m	东走向，穿车站	悬吊保护	和冠梁支撑同时施工
10	给水管	$D200mm$	PE	23	m	沿车站北向，车站西侧	车站封顶后，迁至车站顶板	未施工
11	燃气管	$D200mm$	PE	23	m	东走向，穿车站	悬吊保护	和冠梁支撑同时施工
12	燃力管线	$D700mm$	钢管	23	m	东走向，穿车站	悬吊保护	和冠梁支撑同时施工
13	路灯杆			8	个		挖除	

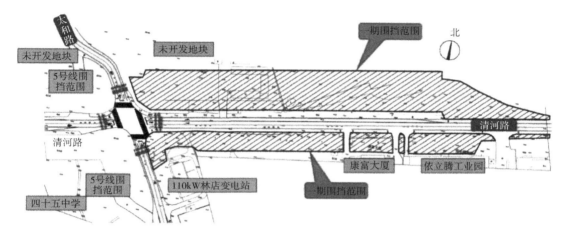

图 7.6 清河路站周边环境详细图

7.2.4 基坑支护及施工方案

根据清河路站的设计及相关接缝，留洞设置原则，把清河路站主体结构的施工分为 10 个施工段，各结构施工段间的浇筑按照分层流水浇筑原则。图 7.7 和表 7.4 分别显示了 10 个施工段和分段里程标。

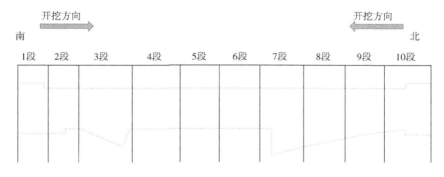

图 7.7 清河路站施工分段示意

序号	段落编号	里程	分段长度/m	备注
1	第一段	XK38+423.385－XK 38+441.385	18.0	南端头井
2	第二段	XK38+441.385－XK 38+458.385	17.0	
3	第三段	XK38+458.385－XK38+497.985	39.6	换乘段
4	第四段	XK38+497.985－XK38+521.985	24.0	
5	第五段	XK38+521.985－XK38+544.985	23.0	
6	第六段	XK38+544.985－XK38+568.985	24.0	
7	第七段	XK38+568.985－XK38+589.985	21.0	
8	第八段	XK38+589.985－XK38+616.985	27.0	
9	第九段	XK38+616.985－XK38+642.985	26.0	
10	第十段	XK38+642.985－XK38+668.985	26.0	北端头井

针对现场的土质情况，桩型使用钻孔灌注桩。钻孔灌注桩的设计选型要建立在基坑开挖的规模大小、现场土体的力学性能、地下水的分布区域、工程的设计、施工顺序以及施工季节等的基础上。在清河路站的主体围护结构中，综合对上述因素的考虑，钻孔灌注桩选用 $\phi800@1000mm$ 的规格，本次地铁站主体结构拥有桩的型号共 12 种 701 根。

本工程将冠梁尺寸设计为 $1000mm×800mm$，冠梁的位置设在钻孔灌注桩的顶部。挡土墙的墙厚设为 200mm，保护层厚度是 50mm。角落部位设置钢混结构的角板支撑，角板支撑大小为 $2000mm×2000mm×300mm$。在冠梁施工过程中，所有钢筋都是现场绑扎的，然后支模。冠梁施工过程是随着围护桩的施工进行的，也是分段完成的。清河路站基坑施工工艺流程如图 7.8 所示。

本工程使用的均是由工厂直接加工制作成的成品钢支撑和钢围檩，将其运输到场内进行施工和拼装。在本工程的标准段中，设置有两道竖向钢支撑。西端设置三道钢支撑。钢支撑的连接方式采用法兰连接，有由规格为 $\phi609mm$ 的钢管加工而成的固定端、中间节和活动端三部分。随着施工的进行，钢支撑的位置可能发生改变，为了保证支撑的移动在设计允许的范围内，要在支撑所在的点做好标记，标记应能分别显示出支撑位置的水平点和竖直点，也就是对其平面位置和竖直高程做出标记。随着施工的进行，测量并计算支撑的间距差，和允许值进行比较，然后进行接下来的施工工艺。而钢围檩的分节长度要根据钢支撑的间距设计。在本工程中，钢支撑间距设置为 3m，每节钢围檩的长度是 6m。安装钢围檩时，为确保钢围檩的牢固性，采用下部托起、上部拉起的方式。采用 $1500mm×1500mm×20mm$ 尺寸的钢板支撑在角部，上下各设置一道。根据设计要求，车站主体每段长度控制在 18～26m。每一个施工段的分层施工顺序都是：底板（底梁）→站台层侧墙、柱→站台层中板（梁）→站厅层侧墙、柱→站厅层顶板（梁）→附属结构（楼梯、电梯井、站台板），具体如下。

第一步：施工接地网，先浇筑底板垫层，再敷设防水层，对底板结构进行施工。在底板的强度达到设计的强度以后，拆除设置的第三道支撑，如图 7.9 所示。

第二步：完成负二层框架柱的施工后，分别对侧墙、中板及上方部分侧墙进行浇筑。待结构构建达到设计强度后拆除第二道钢支撑，如图 7.10 所示。

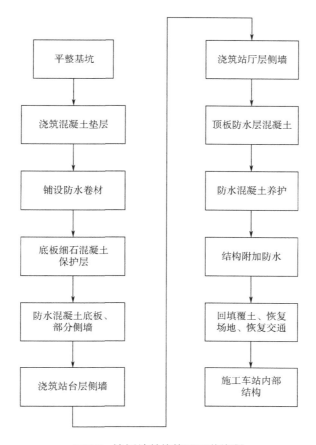

图 7.8 清河站基坑施工工艺流程

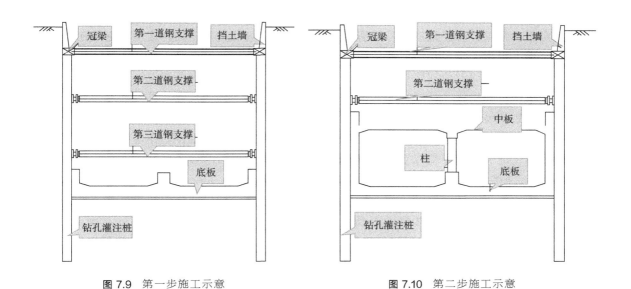

图 7.9 第一步施工示意   图 7.10 第二步施工示意

第三步：第二道支撑拆除以后，对负一层的框架柱进行浇筑，然后对剩余侧墙、顶板进行施工，等这些结构达到设计的强度后拆除第一道支撑和临时立柱，铺设防水层，浇筑压顶梁，如图 7.11 所示。

第四步：在顶板防水层施工完成后，恢复管线，回填土方，恢复路面，如图 7.12 所示。

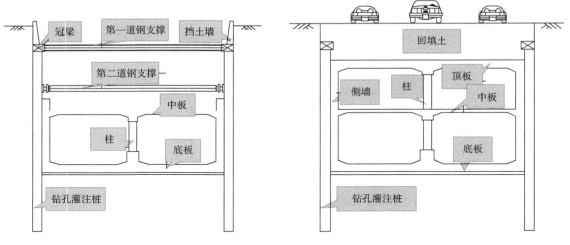

图 7.11　第三步施工示意　　　　　　　　　　图 7.12　第四步施工示意

7.2.5　三维数值模拟

结合第 5 章对基坑工程变形预测和模拟内容的详细介绍，本小节针对合肥地铁 5 号线清河路站基坑工程进行三维数值模拟。

7.2.5.1　基本信息

根据场地的地质水文资料、周围建筑物及地下管线情况，再结合《岩土工程勘察规范》（GB 50021—2001）（2009 年版）和《城市轨道交通岩土工程勘察规范》（GB 50307—2012）中的规定得出结论：合肥地铁 5 号线清河路站为一级等级的重要工程。这个结论是在分析多重因素基础上得出的，包括清河路站的施工规模、施工的技术难点和工程所在场地的地址问题对项目的影响，以及清河路站投入使用后的影响等。依据相关规范和设计要求，清河路站的勘察等级确定为甲级。从场地的情况和地基的设计来看，场地及地基等级判定为中等复杂地基。而周边环境的等级判定为一级，这是根据工程周边建筑物和地下管线分布情况来判定的，当然也综合考虑了建筑物或地下管线破坏后会产生后果的严重性。在本工程中，综合考虑现场实际情况和周边环境以及工程自身的功能和特点，地面的最大允许沉降量是基坑深度的 0.1%，支护结构的最大水平位移允许值也是基坑深度的 0.1%。

合肥地铁 5 号线清河路站采用明挖顺做法的施工方法，围护结构中的主体部分采用钻孔灌注桩的桩基形式，钻孔灌注桩的直径设计为 800mm，每根桩之间的距离是 1000mm。基坑开挖第一层的范围是地面以下 1.22m，第二层向下开挖的深度是 6m，再向下 5m 是第三层的开挖范围。在整个工程中，共设置三道钢管支撑，分别为 800mm×800mm 首道钢混支撑和 φ609mm×16mm 的二、三道钢管支撑。

根据合肥地铁 5 号线清河路站的《工程勘察报告》，清河路站工程现场的土体共分为六层土，从上至下分别为杂填土、黏土、粉质黏土、全风化泥质砂岩、中风化泥质砂岩和强风化泥质砂岩。各层土体的物理指标见表7.5。

⊡ 表7.5　各层土体的物理指标

土层	名称	厚度/m	重度/(kN/m³)	泊松比	弹性模量/MPa	摩擦角/(°)	黏聚力/kPa
1	杂填土	2.7	17.6	0.36	10.1	7	15
2	黏土	13	20.1	0.31	16.1	13	40
3	粉质黏土	6.6	20.4	0.34	15.5	24	35
4	全风化泥质砂岩	3.1	21.1	0.30	21	2	35
5	中风化泥质砂岩	5.9	21.6	0.31	39	37	75
6	强风化泥质砂岩	15.2	21.1	0.32	21	31	40

7.2.5.2　荷载

在工程结构的荷载计算中，设计永久荷载和工程所在地的初始应力都包含在其中，但是不包含地下水对工程的影响。在这个计算中，计算的重度包含钢板和钢筋混凝土的重度。取钢板的重度为 78.6kN/m³，钢筋混凝土的重度为 26kN/m³。但在实际工程施工中，地表可能会受到地震荷载、雨荷载和风荷载的影响。根据相关规范的规定，周围建筑物和地下管线的分布不对本次基坑开挖产生影响。

7.2.5.3　材料属性

使用各向同性的二维板单元来模拟钻孔灌注桩，用混凝土浇筑，直径为 800mm，间距设置为 1000mm，用强度为 C35 的混凝土浇筑主体结构。两种钢筋强度分别为 HPB300 和 HRB400，所有结构都设置为同性弹性模型。工程中使用的材料参数见表7.6。

⊡ 表7.6　工程中使用的材料参数

材料	弹性模量/MPa	重度/（kN/m³）	泊松比
混凝土 C20	22500	25	0.22
混凝土 C30	30000	25	0.22
混凝土 C35	31500	25	0.22
钢	21000	78.5	0.26

在模型中，用实体单元模拟土体。实体单元涉及的有 8 个空间节点，每个节点又有 3 个自身的自由度，它们均匀地分布在基坑周围。在此次模拟中，架设土体的弹性模量并不固定。再加上现场基坑的土体分布得比较均匀，所以本次模拟将选择莫尔-库仑（Mohr-Coulomb）模型作为土体的本构关系。莫尔-库仑模型也是土体中很常见的模型之一。

在此次合肥地铁 5 号线清河路站的工程中，排桩是围护结构的主要组成部分，而钻孔灌注桩又以根据工程实际情况变化的组合方式排列组合成排桩。因为这种方式灵活性较强，所以应用范围很广，适用于各个概况不同的工程。

7.2.5.4　网格划分

网格划分也是影响模型计算结果的一个重要因素，受围护结构的材料和截面形式的影响，网格划分很可能出现单元数过多的情况。在对工程进行有限元模拟的过程中，钻孔灌注桩是无法直接进行模拟的。不过从多年来大量的工程模拟经验来看，可以用地下连续墙来代替钻孔灌注桩，因为地下连续墙在基坑中受到土体力学影响的形式是相近的，这种刚度换算原理在实际中得到了验证，因此计算中用地下连续墙来代替钻孔灌注桩进行模拟内力分析。计算中地下连续墙高度是围护桩的直径和边距的和。经过一系列计算，清河路站的基坑工程中围护结构，换算成厚度与桩直径相等（800mm）的地下连续墙来进行内力计算，假设浇筑桩体的混凝土为线弹性材料，桩体采用梁单元进行模拟。

实际工程的施工非常复杂，影响施工进程的因素也是种类繁多。模拟有的时候只能在比较理想的状态下，所以用软件建立的模型只是对实际工程的简化。在这个简化模拟中，没有考虑土体和灌注桩间相互作用和降水对施工的影响。

7.2.5.5 结果分析

通过数值分析软件对合肥地铁 5 号线清河路站进行模拟，得出以下结论：

（1）在基坑开挖的过程中，开挖基坑周围的土体竖直沉降量最大达到开挖深度的 0.9%，沉降的最大值为 15.3mm；

（2）基坑开挖过程中，支撑结构的水平位移值为开挖深度的 0.8%，水平侧移的最大值为 13.7mm；

（3）上述两点结论中的位移控制值均满足二级安全等级控制值，说明本工程使用的开挖及防护方法在基坑变形和受力方面均具有较好的效果。

7.2.6 围护体系的稳定性分析

7.2.6.1 钢支撑刚度对基坑稳定性的影响

本案例地铁清河路站采用的是钢管支撑的围护结构，采用数值模拟的方法来更好地判定支撑刚度与基坑稳定性之间的关系（表 7.7）。

⊡ 表 7.7 支撑截面与基坑位移关系

β	支撑截面积/m²	墙体水平位移/m	地表沉降/m
0.37	0.00375	0.01502	0.01645
0.66	0.01232	0.01398	0.01568
1.0	0.02979	0.01290	0.01543
1.34	0.04283	0.01401	0.01476
1.86	0.05852	0.01291	0.01478
2.46	0.07642	0.01318	0.01438
3.14	0.09667	0.01329	0.01447
4.0	0.11932	0.01321	0.01447

7.2.6.2 土层的物理性质对基坑稳定性的影响性分析

土层黏聚力与基坑位移的关系见表 7.8。

黏聚力倍数	墙体最大水平位移/m	地表最大沉降/m
0.5	0.03144	0.02829
0.6	0.02675	0.02435
0.7	0.03023	0.02059
0.8	0.01683	0.01821
0.9	0.01461	0.01631
1	0.0143	0.01529

　　土层内摩擦角与基坑稳定性的关系（见表 7.9）。

⊡ 表 7.9　土层内摩擦角与基坑稳定性的关系

内摩擦角倍数	墙体最大水平位移/m	地表最大沉降/m
0.5	0.0364	0.0346
0.6	0.0315	0.0264
0.7	0.0261	0.0191
0.8	0.0189	0.0148
0.9	0.0167	0.0089
1	0.0147	0.0076

　　土层弹性模量与基坑变形的关系见表 7.10。

⊡ 表 7.10　土层弹性模量与基坑变形的关系

弹性模量倍数	墙体最大水平位移/m	地表最大沉降/m
0.5	0.02274	0.03237
0.6	0.01937	0.02797
0.7	0.01714	0.02263
0.8	0.01608	0.01989
0.9	0.01519	0.01681
1	0.01379	0.01471

7.3　全地埋污水处理厂超大基坑支护案例

7.3.1　工程概况

　　某水处理厂位于广州市，采用全地埋方式布置，地下主体构筑物采用整体基坑开挖的方式进行开挖，16.2m 和 12.2m 是本工程基坑开挖的两个主要深度，整个基坑开挖的范围是283m×172m。围护结构采用地下连续墙加支撑的方式。内支撑做 3 道混凝土支撑，斜撑的截面尺寸设计为 0.8m×1m，对撑的截面设计为 1m×1.2m。整个工程总共有 150 道地下连续墙，其中包括 146 道 6m 长的标准一字形地下连续墙和 4 道 L 形地下连续墙，地下连续墙的厚度均为 0.8m。本工程基坑开挖面积很大而且深度较深，属于深基坑工程，用地下连续墙围护结构。通过地下勘探，发现现场地下存在溶洞，对施工造成一定的困难，再加上土方开挖的工作量很大，留给主体结构施工的空间和时间都很有限。

7.3.2 地质水文情况

广州施工场地的地貌属于冲积平原地貌。由现场勘探资料来看，地面土的类型众多，分层混杂。地表从上到下依次为杂填土、淤泥质细砂、粉质黏土、中砂、粉砂、粗砾砂、微风化石灰岩，其中粉质黏土混杂在各层，而且种类众多，有可塑粉质黏土、角砾质粉质黏土等。施工现场作为地表水和地下水的径流排泄地点，有地表水和地下水，地下水主要包括上层滞水、岩孔隙潜水、承压水和岩溶水等。

7.3.3 基坑支护方案

基坑支护方案的选择是建立在许多因素之上的，包括影响基坑安全与稳定的各个因素以及是否经济高效。在本工程中，根据地质水文资料和基坑开挖的规模，列出满足技术和基坑支护安全要求的几种支护方案，然后对这几种方案进行技术和经济的对比分析，从中选出对施工和邻近建筑物最有利的边坡稳定方案。结合现场和周边环境情况，根据国家和地方相关的技术规范要求，本基坑工程的安全等级认定为一级。结合现场岩土工程地质勘察报告和周边环境，在列出的几种支护方案中选择采用 0.8m 厚钢筋混凝土地下连续墙的基坑支护形式，坑内设置 3 道混凝土支撑，同时布置对撑、角撑。

7.3.4 基坑施工及监测技术

监测项目控制标准见表 7.11。

▣ 表 7.11 监测项目控制标准

监测项目	监测报警值			监测数量/次
	相对值	绝对值	变化速率/(mm/d)	
围护墙顶部水平位移	0.3%H	50mm	6	31
围护墙顶部竖向位移	0.2%H	30mm	4	31
深层水平位移	0.5%H	75mm	6	31
立柱竖向位移		45mm	6	93
支撑内力	70%f	70%f		185
地下水位		1000mm	500	15
周边地表竖向位移		60mm	6	28

注：f 为支撑承载能力设计值；H 为基坑开挖深度。

在基坑开挖工作开始前，对现场的导线点加密以及复核导线点、水位点的位置，计算和标记好施工坐标，同时请监理人员进行检查，没有错误后交于现场施工人员开始施工。在整个基坑项目的进行过程中，都要对围护结构顶部（桩顶）的位移、基坑水位、基坑围护结构（桩身）的变形、围护结构（桩身）内钢筋的应力、支撑轴力等项目进行监测，完成这些监测项目的初始采集工作以及对各个监测点的验收工作。调试、校正好监测仪器，保证各个监测设备都能有效、高效地工作。施工过程中要组织人员对所有监测点进行巡查，以防出现监测点被压或被破坏的情况。

在基坑开挖前，还需要通过降水井完成降水试验，当然，首先要完成降水井的设计与施工。基坑开挖工程施工过程中，根据施工需要进行降水，原则是开挖面与基坑地下水的距离在安全允许范围内。土方开挖工程进行以前，还要检测地下连续墙是否渗漏，尤其是接头位置。对于在基坑内的地质探孔，在保证施工安全的基础上（开挖时探孔可能出现管涌的情况），要根据地质勘察报告对探孔进行现场放样坐标定位，确认探孔是否封堵、有无遗漏。

基坑施工工艺如下。

第一步：清理并平整场地至标高，然后开挖至第一层内支撑底（标高7.3m），完成对冠梁和第一层内支撑的施工。

第二步：在场地南北侧中间设置坡道，开挖基坑中间4道对撑到第二层对撑顶（标高2.9m）的土方。对第二层对撑以及局部对撑用开槽法进行施工。

第三步：拆除北侧坡道，对北侧第二道角撑进行施工，同时开挖对撑间的土方。

第四步：对基坑中部对撑下到第三层内支撑顶（标高−2.2m）的土方进行开挖，然后对第三层对撑和部分角撑进行施工。

第五步：将中间两道对撑区域的土方开挖至基底标高（−8.2m），对垫层、底板以及塔吊基础进行浇筑。

第六步：完成塔吊基础底板的土方开挖工作，以及垫层和底板的浇筑工作，塔吊安装在底板完成后进行。

第七步：对北侧第三道角撑进行施工，对北侧的高压旋喷桩土体进行加固。

第八步：开挖北侧角撑下的土方至基底标高（−8.2m），对旋喷桩进行支护施工。

第九步：开挖南侧角撑下坡道至第三层支撑底的土方，对南侧高压旋喷桩和第三道角撑进行施工。

第十步：南侧第三层的土方开挖至基底标高，所有土方开挖工作完成。

在整个基坑施工过程中，必须对基坑的相关变形和位移进行监测，这样做也是对基坑边坡稳定、周边建筑物安全、道路及管线的安全的保证。基坑监测的对象是2倍基坑范围内的重要建筑物、管线、地表以及基坑。监测内容就是围护结构墙顶的水平和竖向位移、墙体深层水平位移、支撑内力、立柱竖向沉降、地下水位、周边地表位移、周边建筑物的位移和倾斜、周边管线的变形等。根据相关规范和周边建筑的情况，选用3个监测控制基准点，高程和平面基准点共用，选择基准点的原则是不影响施工、检测条件良好、稳固。埋设的地点要便于对基准点进行联测。基坑周边地表共设置16个沉降断面，每个沉降断面有4～6个沉降观测点，考虑到工程实际的影响，测点的间距从基坑围护墙外侧由小变大设点。墙顶设有31个水平和竖向位移观测点，测点间的间隔为30m，观测点是水平位移和竖向位移监测的共用点；除场地内外，周边建筑还设有54个观测点。采用在结构上钻孔之后埋设的方法，测点是 L 形观测点，钻孔埋设后往孔内灌注植筋胶进行固定。

在本工程的监测体系中，水平位移监测主要使用全站仪及配套棱镜组等仪器进行观测。竖向位移监测主要包括围护墙顶部竖向位移监测、立柱竖向位移观测、周边道路竖向位移监测、周边建筑物竖向位移监测、周边管线竖向位移监测。

在工程监测中，每个监测项目都应设置监控报警值，这个报警值是结合工程实际本身和周边环境情况确立的。每个监测数据都不能超过相应的报警值，也就是结构的受力、变形、位移、沉降等都在安全允许的范围内，确保基坑和周边建筑物、管线的安全。判断设计方案和施工方法是否合理、可靠，是否需要调整，以避免一些严重后果的发生。除此之外，基坑的施工对环境影响是在所难免的，所以监测报警值要合理，不能太高，以免造成安全事故；也不能太低，这样不经济，不适于工程实际。

在施工过程中，随着基坑的施工进展，各变形监测值的增量都是先增大后减小，最后趋于稳定；各监测值在监测报警控制值之内，基坑外潜水位变化较大；部分原因是监测期间持续暴雨，浅层土体开挖不会引起明显的土体侧向位移和地面沉降，但深部土体开挖会引起较大的侧向位移和沉降，这部分土体变形无法完全恢复；深基坑开挖引起的土体回弹会带动立柱和支护的上升，而立柱和支架的上升会影响支护结构连接部位的力学性能。从建筑物沉降监测累计变化统计表及曲线图可以看出，本工程建筑物沉降监测点在基坑开挖过程中受影响较小，处于稳定状态。基坑建设过程中，因基坑内土体的挖出及坑外荷载等施工因素造成部分地表监测点、管线监测点、围护墙顶部水平位移及深层水平位移监测点、支撑轴力监测点发生一定程度的变化，但监测点变化均未超过报警值。基坑竣工后 1 年多的跟踪观测结果表明，各项指标均达到质量要求，表明基坑施工是成功的。

7.3.4.1　基坑周围地表沉降监测

图 7.13 给出了基坑周边地表沉降随着时间变化的关系曲线。从图 7.13 中可以看出，随着基坑开挖深度的增加，基坑周围构筑物或者地基土沉降也在逐渐增大，但是当基坑开挖深度达到一定值时，沉降逐渐屈于稳定，究其原因在于内部支撑支护在发挥作用。

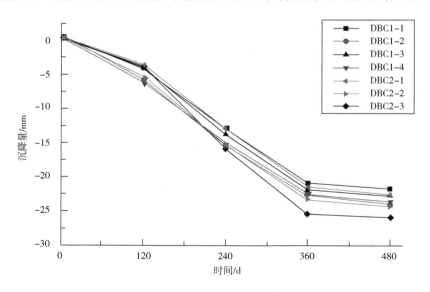

图 7.13　基坑周边地表沉降随时间变化的关系曲线

7.3.4.2 冠梁位移监测

图 7.14 给出了不同位置处冠梁竖向位移沉降随着时间变化的关系曲线。从图 7.14 中可以看出随着时间的增加，测点 6 处冠梁竖向位移达到最大。究其原因在于随着基坑开挖深度的不断增加，冠梁下部土体被挖空，围护结构外围土体自重产生的荷载和附加应力向基坑内发生侧向移动。但是随着开挖深度的继续加大，冠梁竖向位移出现减小后又增大的现象，这是因为内支撑柱发挥其支撑作用，但是冠梁竖向位移整体的发展趋势是保持一直增大直到稳定。

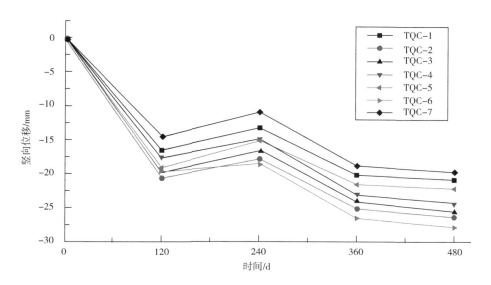

图 7.14 不同位置处冠梁竖向位移沉降随时间变化的关系曲线

图 7.15 给出了冠梁水平位移对时间变化的关系曲线。从图 7.15 中可以看出，冠梁竖向位移随时间变化的曲线类似于 C 形，这是由于基坑开挖后基坑内大部分土体被挖出使得基坑坑内土体应力被释放，但由于基坑内部内支撑存在的原因，使得整个冠梁水平位移形状像 C 形。

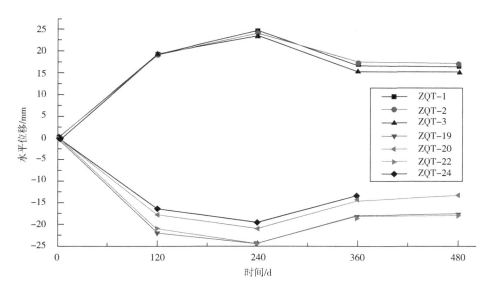

图 7.15 冠梁水平位移随时间变化的关系曲线

图 7.16 为给出了冠梁深层水平位移随时间变化的关系曲线。从图 7.16 中可以看出，随着基坑开挖深度的增加，冠梁深层水平位移表现出先增大后减小的趋势。这是由于基坑开挖后基坑内土体被掏空，土体应力被瞬间释放，尽管基坑内部内支撑支护的存在，但是土体应力瞬间被释放时，围护结构外围土体荷载瞬间向围护结构靠拢，围护结构外壁荷载瞬间增加，内支撑存在一个变形变化的稳定期，因此冠梁深层水平位移表现出先增大后减小的趋势。但是当内支撑本身的变形稳定时，基坑周围土体向坑内部侧移动的趋势被遏制，此时冠梁深层水平位移逐渐减小。因此，冠梁深层水平位移随时间变化的趋势表现为先增大后减小。

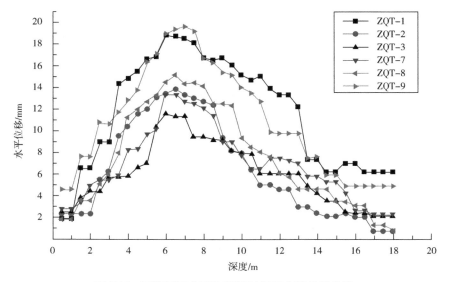

图 7.16 冠梁深层水平位移随时间变化的关系曲线

7.3.4.3 立柱竖向位移沉降

图 7.17 给出了立柱竖向位移随时间变化的关系曲线。从图中可以看出，随着基坑开挖深度（时间）的增加立柱竖向位移也在不断加大。

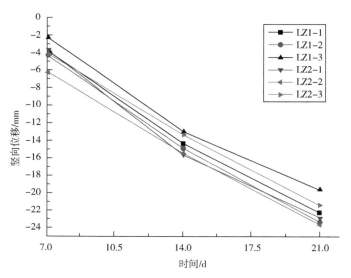

图 7.17 立柱竖向位移随时间变化的关系曲线

7.4 济南穿黄隧道深基坑支护案例

7.4.1 工程概况

济南穿黄隧道从泺口南路交叉口以南约 400m 的位置起，向北下穿绕城高架，从交叉口中跨和东跨下穿通过，在泺口浮桥处下穿黄河，穿过北岸大堤后，线位西偏，在鹊山水库西南侧顺接 G309 国道，具体位置如图 7.18 所示。

图 7.18 济南穿黄隧道位置示意

南岸明挖段隧道位于济泺路北段（泺安路至二环北路），自南向北依次为汽修厂站、轨道交通与市政道路汽修厂、南岸大盾构接收井，距离黄河南岸大堤约 340m，现状主要为市政道路。

7.4.2 工程地质及水文条件

地层的勘察深度主要分为 15 层，分别是冲洪积粉质黏土、第四系全新统冲积土、粉土、砂层及中生代燕山期晚期侵入岩辉长岩等，表层局部为人工填土。南岸现状主要为路面及两侧人行道，下部堆填碎砖块、灰渣及灰土垫层，局部欠压密，厚度 0.5～4.8m。

南岸明挖施工区域为黄河 I 级阶地，地下水埋藏深度 1.4～1.5m，高程 22.56～23.12m，主要为第四松散型覆盖层的孔隙潜水。

穿黄隧道贯通模拟图如图 7.19 所示。

图 7.19 穿黄隧道贯通模拟图

7.4.3 基坑支护及施工

根据现场工程地质情况、车站的埋深、专业人士的意见以及地下水位和周围建筑物的情况，穿黄隧道主体结构标准段剖面图如图 7.20 所示。

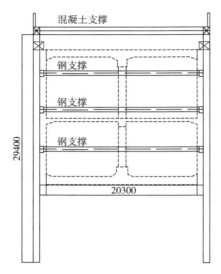

图 7.20 穿黄隧道主体结构标准段剖面图

（1）在汽修厂车站采用厚度 800mm 的地下连续墙，墙顶浇筑冠梁作为主体标准段的围护结构。

（2）在深基坑内设置一道混凝土支撑（第一道支撑）和三道钢管支撑，总共竖向设置四道支撑。

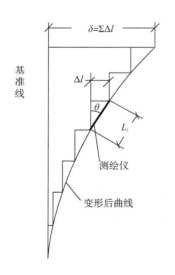

图 7.21 测斜原理示意

L_i—测绘的长度（m）；Δl—变形量（mm）；

δ—总的变形量（mm）

获取实时监测数据以保证基坑施工的安全是深基坑监测工程的主要目的，再加上可以根据获取的监测值来改变支护结构的相关参数，使工程施工向更加经济环保、可持续的方向发展。根据工程的设计参数和现场的岩土地质勘察报告，本工程选取了地下连续墙的深层水平位移、内支撑轴力和基坑周围地表沉降作为三个主要的监测项目。

在监测水平位移之前，要预先埋设测斜管，侧斜管要在焊接维护的时候埋设，埋设应该符合相关的要求：埋设的测斜管必须保证质量，不能有裂缝；连接的上下端头必须嵌固，连接处和管底要密封；测量的位移方向要和测斜管的滑槽方向保持一致等。

使用测斜仪进行正常观测时，首先在测斜管底部放测斜探头，等测斜仪数据基本不变时，按下保存键，然后向上拉测斜探头，每隔 0.5m 保存一次数值，待全部测量完毕后，将探头旋转 180°进行反测。最后将数据导入计算机进行计算处理。测斜原理如图 7.21 所示。

基坑开挖之前需要测取深层水平位移监测点的初始值，在测量初始值时，要正反测而且连续两次进行数据采集，取数据的平均值上报监理检测。

测斜管绑扎图如图 7.22 所示。

图 7.22 测斜管绑扎图

根据地质水文资料、地质勘探情况以及周边建筑物情况，本工程的水平位移监测点间距设置为 30m，如果构件应力关系复杂，需根据实际情况选择加密。本工程中总共设置 26 个监测点，每 20m 设一个断面，布置 58 个地表沉降监测点，每 15m 设置一个断面，地表沉降监测的工程量比较大，选取了主要的监测点——标准段监测数据，详细的 CAD 图纸如图 7.23 所示。

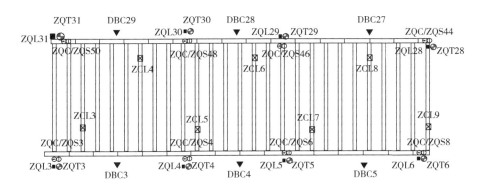

图 7.23 标准段监测点示意

在满足国家深基坑监测相关规范的基础上，结合穿黄隧道的设计图纸，分别设置墙体深层水平位移、支撑轴力、地表沉降的预警值，确定监测频率，具体数据见表 7.12～表 7.14。

⊡ **表 7.12 监测频率**

施工过程		正常施工期	预警期	抢险期
开挖深度/m	≤5	1 次/3d	2 次/d	1 次 3h
	5～10	1 次/2d	2 次/d	1 次 2h
	>10	1 次/d	3 次/d	1 次 2h

施工过程		正常施工期	预警期	抢险期
底板浇筑后/d	≤7	1次/d	3次/d	1次/2h
	7～14	1次/2d	2次/d	1次/4h
	14～28	1次/周	2次/d	1次/4h
	>28	1次/4周	1次/d	1次/6h

⊡ **表7.13 穿黄隧道汽修厂站监测项目预警值**

量测项目	速率控制值 / (mm/d)	黄色预警值 （控制值的70%） /mm	累计控制值 橙色预警值 （控制值的85%） /mm	红色预警值 （控制值的100%） /mm
地下连续墙顶部水平位移	3	17.5	21.3	25
地下连续墙顶部竖向位移	3	17.5	21.3	25
深层水平位移	3	28	34	40
周边地表竖向位移	4	17.5	21.3	30

⊡ **表7.14 穿黄隧道汽修厂站支撑轴力预警值**

剖面	支撑	支撑类型	黄色预警值 （设计的70%）/kN	橙色预警值 （设计值的85%）/kN	红色预警值 （设计值的100%）/kN	预加轴力/kN
汽修厂标准段	第1道支撑	混凝土支撑	1170	1421	1672	
	第2道支撑	钢支撑	1390	1688	1986	300
	第3道支撑	钢支撑	2974	3611	4248	300
	第4道支撑	钢支撑	2442	2966	3489	300

对4道支撑轴力进行计算。

$$p_a = (q + \sum \gamma_i h_i) K_a - 2c \sqrt{K_a}$$

$$K_a = \tan(45° - \frac{\varphi}{2})$$

其中，加权重度 $\gamma = 20.2 \text{kN/m}^3$，内摩擦角 $\varphi = 14°$，$c = 16 \text{kN/m}^3$，地面超载 $q = 20 \text{kN/m}^3$，地下水位离地面1m，基坑开挖深度21.4m，并与监测点ZCL6轴力进行对比分析，结果如表7.15所示。

⊡ 表 7.15 轴力对比值

项目	轴力计算值/kN	监测轴力/kN	设计黄色预警轴力/kN
第 1 道支撑轴力	322.5	841.9	1170
第 2 道支撑轴力	826.6	896.8	1390
第 3 道支撑轴力	1581.5	1377.1	2442
第 4 道支撑轴力	2479.4	1560.5	2974

　　根据山肩邦男法计算的理论轴力可以看出，第一道支撑理论计算值与监测轴力相比偏小，第四道支撑轴力与监测轴力相比偏大，由于周边荷载变化较大或者基坑开挖周期较长，实际施工时，计算值与实际监测值总有一定的偏差，但是都没有达到设计的黄色预警轴力值。其中第二道支撑和第三道支撑轴力和实际监测轴力值相差不大。因此，针对该项目来说，山肩邦男法基本符合基坑施工的实际情况。

　　通过"m"法计算（$P = mXZ$）得到济南穿黄隧道汽修厂站标准段围护结构水平位移，水平位移变形如图 7.24～图 7.28 所示。

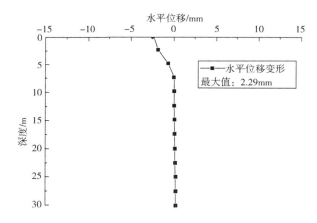

图 7.24 墙体水平位移曲线图（开挖 2.5m）

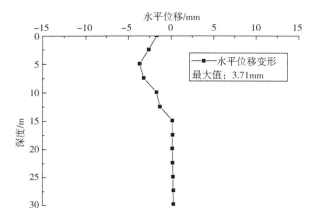

图 7.25 墙体水平位移曲线图（开挖 8m）

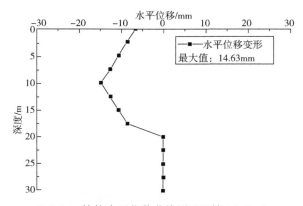

图 7.26　墙体水平位移曲线图（开挖 12.7m）

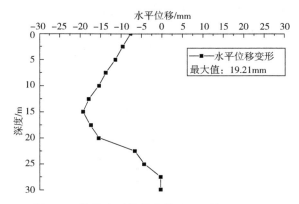

图 7.27　墙体水平位移曲线图（开挖 17.8m）

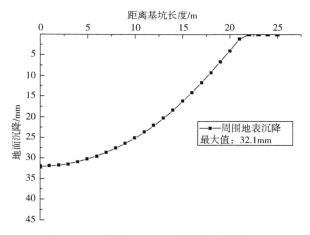

图 7.28　开挖到 21.4m 时地表沉降曲线图

　　基坑开挖到 2.5m 时，地下连续墙位移量极值达到 2.29mm；基坑开挖到 8.0m 时，地下连续墙位移量极值达到 3.71mm；基坑开挖到 12.7m 时，地下连续墙位移量极值达到 14.63mm；基坑开挖到 17.8m 时，地下连续墙位移量极值达到 19.21mm。

　　深基坑周边地表沉降和基坑开挖深度密切相关，因此通过计算得到基坑开挖深度为 21.4m 时，此时达到的地表沉降最大值为 32.1mm。

深基坑的施工顺序及施工工艺至关重要，会直接影响到深基坑的施工安全，根据工程实际情况将施工顺序设计为如图 7.29 所示的形式。

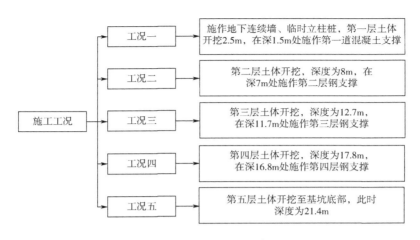

施工工况
工况一 → 施作地下连续墙、临时立柱桩，第一层土体开挖2.5m，在深1.5m处施作第一道混凝土支撑
工况二 → 第二层土体开挖，深度为8m，在深7m处施作第二层钢支撑
工况三 → 第三层土体开挖，深度为12.7m，在深11.7m处施作第三层钢支撑
工况四 → 第四层土体开挖，深度为17.8m，在深16.8m处施作第四层钢支撑
工况五 → 第五层土体开挖至基坑底部，此时深度为21.4m

图 7.29　施工工况顺序

7.4.4　变形模拟研究

软土明挖深基坑在开挖的过程中，土体可能是在很短的时间内被大量移走，相当于深基坑围护结构急速卸载，相互作用必然会发生在基坑土体与围护结构之间，再加上基坑周围的建筑物、道路等，使基坑周围土体承受的荷载过大。因此，基坑围护结构和周围地表可能会产生很大的变形或沉降，造成坍塌等事故。如果在基坑开挖之前，可以模拟深基坑的开挖情况，根据模拟结果调整开挖或支护方案，这就在一定程度上保证基坑工程的安全性和稳定性。

将济南穿黄明挖隧道汽修厂站标准段作为模拟的对象，用 PLAXIS 软件对基坑开挖和基坑支护进行模拟，并分析结果。根据工程的设计图纸和现场实际情况将地基土层简化，得到各图层以及围护结构的材料属性（表 7.16～表 7.19）。基坑地下连续墙长 29m，基坑深度21.4m，宽 20m。因此，选用 180m×80m 的几何模型进行模拟分析。基坑左侧和右侧的荷载均简化为 20kPa，荷载作用的位置为距离深基坑 5～25m，为了简化计算，模拟是建立在以下几个假定的基础上的。

（1）围护结构墙体和内支撑都处于弹性受力状态，忽略它们本身自重以及附属结构变形的影响。

（2）忽略由于现场施工安装产生的挠度和其带来的误差。

（3）将静力土压力设为土体的初始应力，忽略开挖土体对原始应力的影响。

▣ 表 7.16　土层计算参数及其物理指标

土层名称	γ /(kN/m³)	γ_{sat} /(kN/m³)	c /kPa	ϕ /(°)	E_{50} /×10⁴MPa	E_{oed} /×10⁴MPa	E_{ur} /×10⁴MPa	界面折减系数
杂填土	19.6	21	24.5	8.3	1.3	1.3	3.9	0.83
粉土	19.2	21	31.5	14.0	1.5	1.5	4.5	0.76

土层名称	γ /(kN/m³)	γ_{sat} /(kN/m³)	c/kPa	ϕ/(°)	E_{50} /×10⁴MPa	E_{oed} /×10⁴MPa	E_{ur} /×10⁴MPa	界面折减系数
黏土	18.8	21	44.4	14.6	1.0	1.0	3.0	0.75
粉质黏土	20.1	21	29.3	14.3	3.0	3.0	9.0	0.55
粉质黏土混层	20.2	22	29.6	26.9	4.0	4.0	12.0	0.50
细粉砂	20.2	22	21.2	14.0	2.7	2.7	8.1	0.73
粉砂	19.8	21	47.2	16.2	5.0	5.0	15.0	0.83

⊡ 表 7.17 地下连续墙计算参数

材料类型	数值	单位
弹性模量 E	3.2×10^4	MPa
轴向刚度 E_A	1.006×10^9	kN/m
抗弯刚度 E_I	5.034×10^7	kN·m
厚度 D	0.8	m
容重	8.2	kN/m³
泊松比	0.15	—

⊡ 表 7.18 混凝土支撑材料属性

材料类型	数值	单位
截面尺寸	800×1000	mm²
弹性模量	3.4×10^4	MPa
轴向刚度 E_A	4.35×10^7	kN/m
水平间距 D	7	m

⊡ 表 7.19 钢支撑材料属性

材料类型	数值	单位
截面尺寸	$\phi 609, t = 16$	mm²
弹性模量	2.1×10^5	MPa
轴向刚度 E_A	5.86×10^6	kN/m
水平间距 D	3.5	m

注：ϕ 为钢管撑的直径，t 为钢管撑壁厚。

在本工程中，采用板单元模拟地连墙，梁单元模拟内支撑。四道支撑分别为一道混凝土支撑和三道钢支撑。基坑计算模型如图 7.30 所示。

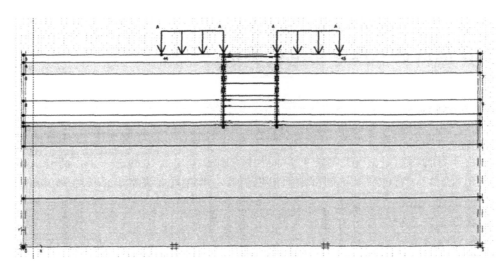

图 7.30　基坑计算模型示意

网格划分结合工程实际和设计图纸，有密有疏，遵循位移和变形大的地方网格密，基本不会发生沉降和变形的位置网格疏的原则，如图 7.31 所示。

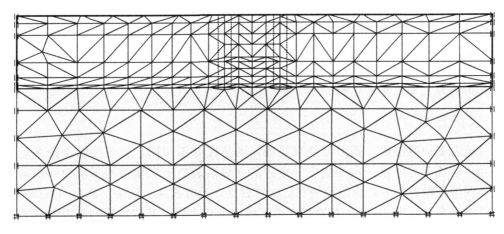

图 7.31　模型网格划分

由于施工现场土体较为均匀，采用经典的莫尔-库仑弹塑性模型来对明挖深基坑开挖和支护进行模拟。各构件的材料参数见表 7.16～表 7.19。

基于 PLAXIS 软件对深基坑周边荷载、围护结构参数等进行合理模拟，得出深基坑开挖全过程的变形特征及位移云图，建立基于模拟软件开挖深基坑的安全性技术。通过对比模拟数值、理论计算值以及实时监测值，得出深基坑变形偏移量较为接近，通过模拟深基坑开挖周边环境、开挖工序等可以较好地为深基坑安全施工作为指导，基于围护结构模拟参数的改变可以有效地控制深基坑变形量。基于模拟数值分析与比对结果，得到了深基坑实际开挖过程中变形的整体规律与位移变化趋势，实时监测值与模拟数值有偏差是因为在实际开挖过程中，基坑周边重载路面会有活荷载，对监测值有一定的影响。

7.5 某高层住宅深基坑支护案例

7.5.1 工程概况

该工程位于哈尔滨市开发区汉水路。2000 年 9 月基坑开挖，同年年底桩基础的施工完成。但是由于各种因素，一年后才进行后面构件的施工，在停工的这一年，部分没有经过支护的基坑出现坍塌，有的在基坑周围地面出现裂缝，裂缝呈直线型，总长约为 60m，基坑边缘距离裂缝 1.5～3m。

基坑需要重新支护的部分有两种类型：一种是弧型，长 42m；另一种是直线型，总长 26m。基坑底标高是 −13.50m，基坑开挖的放坡宽度是 1.80m，根据现有情况来看，标高 −8.00m 以上的部分坍塌比较严重。

进行该基坑的支护工程时，有三项要求：一是支护工程施工要与基坑内承台施工同时进行，但前提是不能影响承台施工；二是在对支护工程进行施工时，必须能同时确保承台地下两层的稳定与施工安全，而且基坑土方不能发生任何新的坍塌；三是施工的速度要快，节约成本。全部结构的支护维护计划 90d 完成。

7.5.2 地质概况

该段需支护工程土体地质条件较好，自地表至基坑底，除局部有部分黑色杂填土、腐殖土外，其余全部为粉质黏土，土层分布均匀、简单、单一，无地下水或上层滞水，这种土质对基坑支护的施工来说非常有利。

7.5.3 支护方案

该基坑需支护的两段（弧形段及直线段）的情况并不相同，弧形段在全段多处出现坍塌，而且在基坑上部形成一定的坡度，地面的直线形裂缝距坍塌后的基坑边缘仅有 1.5m；而直线段现阶段没有塌方，直线段的基坑坑壁直立，没有放坡，但是，地面的直线形裂缝出现在直线段的全长（即 26m），有的裂缝直达场地新建大楼，基坑边缘到裂缝的距离 1.8m，可以想象，如果此地出现塌方，后果不堪设想。

基于上面描述的情况，列出多种施工方案进行比较，决定采用钢管支撑桩加钢板网的支护方案。

根据现场及周围情况，在弧形段内采用钢管桩锚固桩，间隔是 1.5m，规格是直径 110mm，总共施工 29 根。在直线段内每隔 1.2m 设置一根直径 110mm 的钢管桩锚固桩，总共施工 24 根。两段采用的钢管壁厚均为 4mm，埋入基底以下 4m，每根钢管长 6m。桩与桩之间采用焊接的方式连接，桩长 18m，桩顶固定。锚固桩采用直径 75mm、壁厚 3.5mm 的钢管，用混凝土灌注周边固定，用直径 5mm 的钢丝绳连接锚固桩与钢管桩。

在钢管桩里侧，自下而上每隔 3m 施工一道槽钢，并与钢管桩相连接，连接方式为焊接。在钢板桩的底部（基坑底面）及顶部各施工一道槽钢并与钢板桩相连接，连接方式为焊接。

钢板网墙采用 3m 钢板冲压成型，网目为 6～8 目，钢板网网宽 2.0m，长度为 14.2m，自上而下全部铺设。钢网之间用铁线连接，与结构间的槽钢接点，采用点焊方式连接。为防止钢板网墙后土体受雨水的冲刷及浸泡，全部钢板墙上铺设一层防雨苫布。

7.5.4 工程施工及技术措施

图 7.32 所示为本基坑支护工程的施工流程。

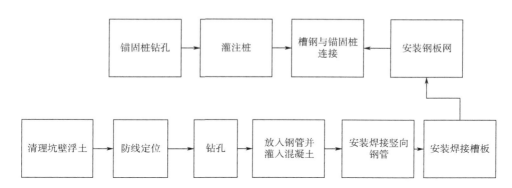

图 7.32 木基坑支护工程的施工流程

本工程施工采用 CH-30-2 型工程地质钻机，自基坑底部或基坑上口冲击钢管桩位置成直径 147mm 的圆孔，直至基坑底以下 4m，贯入直径 110mm、厚 3.5mm 的钢管至孔底部，四周浇灌 C15 细石混凝土，基坑底部安装槽钢与钢管焊接并采用加强筋焊固，以上按每隔 3m 安装一道槽钢，基坑上口采用槽钢。焊接要求：槽钢与钢管必须形成三道双面焊缝，无断焊、虚焊，确保整体刚度。

钢板网自上而下铺设，钢板网与槽钢采用总焊连接，钢板网与钢板网之间采用 10# 铁丝孔或用 25cm 扁铁点焊连接。在坑上口地面按设计要求采用同类直径为 147mm 的钻机打锚固桩孔，深 4m，下入直径 75mm 钢管，灌注 C15 混凝土捣实基坑上口槽钢与锚固桩间孔隙，采用钢丝绳连接，中间设紧线器拉紧。

为了争取时间并不与基坑底部施工争工作面，钢管桩钢结构网片护壁工程采用分段施工，先施工弧形段，后施工直线段，每 10 延长米为一施工单元。基坑壁上采用部分钢管脚架和吊篮配合使用，这样既减少基坑占用面积，施工人员系安全带作业，又对安全有利。该护壁工程要求钢结构网片与土体形成面接触，以防止受力不均和局部坍塌，故对于不能与片形成面接触部位，采用编织袋装砂填实。钢管桩施工必须紧贴基坑底与基坑壁的 L 形角部，使其发挥最大支撑力，故采用三脚架为钻塔的钻机需采用相应的技术施工手段完成，以确保工程要求。槽钢的焊接，钢板网的铺设均需高空作业，全部使用塔吊又影响基础工程的施工，因此应有切实可行的吊放方案或特制吊装设备。在钢管桩施工完成铺设钢板网前应将预测坍塌的土体彻底清除至好土体。因在 -14m 的基坑及高空作业，应有切实可行的安全措施，确保施工安全。

施工时及施工结束后的维护期内，应确定专职的技术人员 24h 对周边土体进行监测，以确保 3 个月施工期内基坑安全，发现问题和隐患及时加固处理。

管桩结构网片护壁工程是在基坑形成 10 个月之久，经冻融和雨水冲刷，在确保施工安全的前提下予以实施的，因此在施工过程中的安全尤为重要，施工安全技术措施应从如下几方面入手。

（1）基坑上口周边地面的排水处理。基坑上口地面排水一律外排，用黏土或水泥砂浆砌砖等方法；必要时用彩条雨布，防止基坑壁再受冲刷和坍塌。

（2）在施工前切实清理好基坑壁上的浮土，并对基坑上口周边土层进行检查，做好标记，昼夜巡查，发现问题及时组织处理，消除隐患。

（3）施工用脚手架按规范搭设，吊篮必须采用下滑自锁装置，特殊关键部位在交接班过程中应检查移交情况。

（4）施工用吊车、打桩机、电焊机等设备，使用前认真检修和调试，确保施工时运转正常。

（5）各种用电设备应按规范搭接电源，杜绝违规行为。

（6）特殊工作人员持证上岗，安全人员现场巡查，切实做好安全宣传教育工作，严肃查处违纪违规人员。

（7）面临雨季，管桩钢结构网护壁施工，要求技术先进，工艺有序，措施得力，安全可靠。

参考文献

[1] 兰曙光. 深圳地铁罗湖站基坑支护结构体系有限元分析 [D]. 西安：西安科技大学，2015.

[2] 施倩红. 地铁隧道深基坑支护体系及开挖方案分析 [J]. 工程技术，2021 (1)：285-286.

[3] 刘德用. 深基坑钢板桩支护体系力学特征研究 [D]. 秦皇岛：燕山大学，2021.

[4] 李勇. 地铁深基坑变形规律施工监测与数值模拟 [D]. 衡阳：南华大学，2019.

[5] 胡科，崔泽恒，邓涛，等. 武汉软土深基坑被动区加固参数优化分析 [J]. 安全与环境工程，2022，29 (6)：42-53.

[6] 陈旭元. 基坑工程中土与支护结构相互作用及边坡稳定性数值分析 [J]. 科技资讯，2019，17 (30)：45，47.

[7] 胡强. 深基坑工程建模理论与稳定性评判的关键技术研究 [D]. 南京：河海大学，2004.

[8] 刘礼福. 地铁车站深基坑开挖稳定性分析及支护结构优化研究 [D]. 绵阳：西南科技大学，2022.

[9] 路林海，孙红，王国富，徐前卫. 地铁车站支护与主体结构相结合深基坑变形 [J]. 中国铁道科学，2021，42 (1)：9-14.

[10] 高莉，吕连勋，钱明，张衍林. 深大基坑基底隆起变形性状及规律分析 [J]. 施工技术，2022，51 (10)：60-64，111.